과학으로 밝힌 빛과 색:
근원에서 응용까지

빛과 색을 탐하다

과학으로 밝힌 빛과 색: 근원에서 응용까지

빛과 색을 탐하다

한원택 지음

광주과학기술원

머리말

우리는 공기 없이 살 수 없는 것처럼 빛이 없어도 살 수 없다. 태양으로부터 무제한으로 공급되는 엄청난 빛 에너지로 지구는 따뜻하게 덥혀지고 식물들은 광합성을 하며 산소를 배출한다. 따뜻한 지구 환경에서 마음껏 숨쉬며 생명을 유지하며 살아가는 것도 이 햇빛 덕분이다. 우리는 이렇게 귀중한 공기와 햇빛을 모두 무상으로 받는다. 값을 매길 수 없을 정도로 귀할 뿐만 아니라 인간은 도저히 똑같이 만들지 못하기에 신이 선물로 주신 것이리라.

싱그럽게 푸른 잔디밭에서 누워서 보는 파란 하늘과 하얀 뭉게구름, 철마다 뽐내는 아름다운 꽃들, 맛있는 과일들과 단풍이 보여주는 색의 향연은 우리 삶을 풍성하게 해준다. 이런 찬란한 색도 햇빛이 없는 깜깜한 밤이면 아예 볼 수 없다. 빛이 있음으로 색이 생겨났기 때문이다.

세상이 시작된 태초에 탄생된 빛은 아직도 우주에서 하늘에서 그 흔적을 남기고 있다. 우리가 낮 동안 볼 수 있는 환한 빛은 태양에서 8분여 정도 걸려 달려온 과거의 산물이다. 이 빛을 통해 우리는 사물의 모양을 확인하고 아름다운 색깔도 구분할 수 있다. 하늘에 떠 있는 밝은 달도 태양 빛이 있어서 볼 수 있다. 빛을 쬐면 따뜻하고 눈에는 환하게 보이는데 만질 수도 없다.

이런 빛의 정체를 밝혀보고자 많은 철학자와 과학자들은 기원전부터 현재에 이르기까지 수천 년에 걸쳐 무던히 고심하고 탐구하였다. 많은 과학자들이 이론과 정교한 실험을 무기삼아 빛과 색의 비밀을 조금씩 밝혀냈고, 이제는 빛과 색을 응용하여 삶의 한 부분으로 도구화하기에 이르렀다.

과학적인 탐구의 결과로 우리는 이제 무지개, 신기루, 오로라 등의 자연

현상이 빛의 작용 때문이라는 것을 알게 되었다. 빛은 질량이 없는데도 입자처럼 움직이기도 하고 소리와 다르게 공기 같은 매개체가 없어도 파동의 형태로 진행하며, 진공 아닌 매질을 통과할 때는 그 속도가 느려진다. 빛은 물체에 부딪혀 튕겨 나오고 물체를 돌아 나오기도 한다. 또한 빛의 일부분은 물체에 흡수되고 나머지는 통과해 나온다. 빛은 여러 가지 다른 파장을 가진 빛들의 혼합체이며, 물체와는 상호작용하여 색깔을 만들어낸다. 눈에 보이지 않는 빛도 존재하고, 비타민D의 합성과 광합성 같은 화학반응도 일으키지만 피부를 태우기도 한다. 빛은 불연속적인 값을 가진 광자로서 존재한다는 것이 그동안 밝혀낸 빛에 대한 핵심적인 결과이다.

빛과 색의 정체와 속성이 밝혀진 후 많은 과학자와 공학자들은 이를 이용하고자 또 다른 노력을 기울여왔다. 20세기에 들어서 본격적으로 발명되고 개발된 많은 기술들은 우리 삶을 풍족하게 만들었다. 빛을 파장별로 나누기도 하고, 직선으로 내닫기만 하는 빛을 구불구불한 곳을 따라 진행하도록 만들기도 했다. 이는 몸속까지 들여다보는 내시경과 광통신이 탄생하게 되는 계기가 되었다. 색을 가진 빛을 좌표로 수치화하여 화소로 나타내 TV나 PC, 스마트폰 등의 영상화면을 만들어냈다. 또한 영상을 빛으로 저장하고 재생도 하며 허공이나 가상공간에 실물처럼 띄워 보이게도 하고 있다. 자연이 빛과 공존해 사는 방식을 연구해 빛의 기능을 건강 증진과 병의 치료 목적으로 사용하게 되었고, 상한 피부를 빛으로 치료하며 빛으로 바이러스를 죽이고 암세포까지 사멸시키는 기술로까지 발전해왔다.

또한 광원으로의 고전적인 빛의 역할에서 열적·광학적·전기적·자기적인 빛의 특성을 이용하는 새로운 기술들도 많이 개발되었다. 빛을 이용해 전기를 만들고 빛으로 또 다른 빛인 레이저도 만들게 되었다. 빛을 이용해 정보를 저장하고 재생하며, 빛을 이용한 광통신으로 대용량의 정보를 초고속으로 주고받는 인터넷 혁명도 가져왔다.

빛에 대한 지속적인 물리·화학적인 탐구의 결과로 분광학, 광학이라는 학문도 탄생하였고 광전자공학, 광자공학, 생체광자공학 등으로 계속 발전해오고 있다. 빛의 알갱이인 포톤Photon을 다루는 광자기술Photonics이 4차 산업혁명을 맞이한 새 시대를 견인할 기술로 자리매김을 하고 있다. 엄청난 양의 정보를 빠른 속도로 처리해야 하는 빅 데이터와 인공지능 기술은 광자 기술이 없으면 불가능하다. 만물 인터넷, 암호 통신, 양자 컴퓨터, 투명망토, 인공 광합성, 레이저 핵융합을 이용한 인공 태양 등의 미래 기술도 빛을 이용하지 않으면 불가능한 기술이다.

이렇게 우리 삶 속에 깊이 들어와 있는 빛과 색 그리고 빛과 색을 이용한 많은 유익한 응용 기술들을 함께 탐구해보고자 한다. 수십 세기를 걸쳐 헌신해온 과학자들의 치열했던 탐구 정신과 그 결과물들의 발자취를 함께 따라가본다. 수많은 과학자들이 흘린 피와 땀으로 탄생한 과학적인 이론과 실험의 결과들이 응용기술로 이어지는 지적인 궤적을 살펴보는 것도 흥미로울 것이다.

우리 삶에서 떼어낼 수 없는 물질의 근원과 속성을 탐구하는 물리가 학생들에게서 외면받는 시대가 되었다. 물리학이나 이공계 전공의 학생이나 전문가가 아닌 일반인도 쉽게 논리적으로 이해하고 재미있게 따라올 수 있도록 최선을 다해 정리해보았다. 밝아오는 아침의 햇살 속에 담긴 무궁한 자연의 섭리를 알아가고, 이미 삶 속에서 함께 누리는 빛의 열매들을 확인하면 책 읽는 즐거움이 더할 것이다. 이 책은 일반인을 대상으로 한 과학교양서이지만 대학교의 교양과목 교재로 사용해도 무방할 것이다.

1장에서는 빛의 탄생과 속성, 2장에서는 색의 정체와 속성, 3장에서는 자연과 인간이 이용하는 빛과 색의 세계, 4장에서는 빛과 색을 이용한 최신 과학기술과 그 응용 등에 대해 탐구해보았다.

우리에게 무상으로 다가오는 빛과 색, 삶에서 떼놓을 없는 이 귀한 선물을 알아가는 지적인 즐거움과 기쁨을 누리기를 바라는 마음이다. 지면의 제약으로 짧은 설명으로 그친 부분은 독자들의 인내심과 양해를 구하는 바이다. 좀 더 알고 싶은 전문적인 내용은 참고자료 부분에서 찾아볼 수 있게 하였다.

저자는 생활 속에 이미 깊숙이 들어와 우리가 누리고 있는 과학기술을 전문가만이 아닌 일반인도 쉽게 접하고 재미있게 읽을 수 있도록 노력해야겠다는 마음을 늘 가졌었는데, 이태 전에 과학교양도서를 출간하여 첫 열매를 맺은 바 있다. 주로 광통신과 광센서 등에 관한 광섬유와 광소자를 연구하며 논문을 발표해왔으나 정년을 맞이하여 광학소재로서의 유리와 빛의 상호작용과 그 응용에 관한 책인 『유리시대』를 출간하게 된 것이었다. 주제의 선정과 지면 관계로 빛과 색에 대한 근원적이고 구체적인 내용에 대해서는 제대로 언급하지 못한 아쉬움이 있었다. 이에 빛의 본질적인 성질과 빛과 물질과의 상호작용을 규명하고 빛과 색을 이용한 응용기술에 대해 간결하지만 명확하게 서술하여 일반인들도 쉽게 이해할 수 있도록 이 책을 집필하게 된 것이다.

이 책이 나오기까지 많은 격려와 도움의 손길이 있었다. 먼저 하늘나라로 돌아가신 사랑하는 부모님께 이 책을 바친다. 묵묵히 곁에서 응원해준 사랑하는 아내 혜원과 병훈, 신애에게 깊은 감사의 말을 전한다. 와병 중에서도 초고를 읽고 많은 조언을 아끼지 않은 숭실대학교의 김창배 교수와 세밀한 부분까지 정확한 논리로 부족함을 메꾸어주었던 광주대학교의 조영탁 교수께 진심으로 사의를 표한다. 이 책이 나오기까지 아낌없이 격려해준 차용철 교수, 석원경 교수, 강인원 박사, 권영호 사장께도 감사의 마음을 전한다. 이 책의 기획부터 편집까지 수고를 아끼지 않은 GIST PRESS의 박세미 씨와 직원들 그리고 도서출판 씨이아알에게도 고마움을 표한다.

2022년 1월 함평 낙지헌에서
한원택

목 차

머리말 • iv

제1장
빛을 탐(探)하다

1. **빛이 탄생하다** • 002
   빛과 물질의 탄생 /
   햇빛은 태양에서 온다

2. **빛의 정체를 밝히다** • 009
   수소의 핵융합과 빛 /
   열복사에 의한 빛

3. **빛의 속도를 측정하고 계산하다** • 015
   빛의 속도를 측정하다 /
   빛의 속도를 계산하다

4. **빛은 이중성을 가진다** • 023
   빛은 입자다 / 빛은 파동이다 /
   빛은 이중성을 가진다

5. **빛은 양자다** • 030
   흑체복사 / 양자역학의 탄생

6. **빛은 굴절, 반사, 분산한다** • 038
   굴절 / 반사와 내부전반사 / 분산

7. **빛은 간섭, 회절, 산란한다** • 047
   간섭 / 회절 / 빛의 산란

8. **빛은 편광한다** • 055
   편광의 발견 / 편광의 이용

제2장
색을 탐(探)하다

9. **색의 정체를 밝히다** • 064
   빛과 물질의 3원색 /
   물체의 색과 응용

10. **색을 좌표에 담다** • 075
    RGB 색공간 / HSV 색공간 /
    CIE 색도 분포표

11. **색을 감지하다** • 082
    간상세포와 원추세포 /
    사람과 동물은 다르게 본다

12. **색을 착각하다** • 088
    물리적 착시 / 인지적 착시

13. **색을 바꾸다** • 094
    보호색 / 경계색 /
    퀀텀닷을 이용한 색변환

14. **색으로 병을 치료하다** • 100
    색맹과 색약 치료 / 색채 치료 /
    생체포톤

제3장
빛을 이용(利用)하다

15. 빛을 동식물도 만든다 • 114
동물의 발광 / 식물의 발광

16. 빛이 없으면 광합성도 없다 • 119
식물의 광합성 /
인공 빛으로 가능한 광합성 /
인공 광합성

17. 빛의 화학반응을 이용하다 • 124
피부 태닝 / 바이러스 살균 /
오염 물질 분해

18. 빛으로 피부를 살리다 • 132
비타민D의 합성 / 레이저 시술 /
문신의 제거

19. 빛으로 질병을 치료하다 • 137
광열 치료 / 광역학 치료 /
암세포 추적 / 광유전학 /
뇌전증 치료 / 비문증 치료 /
방사선 치료

20. 빛으로 몸속을 보다 • 150
복강경 / 내시경

21. 빛으로 단면을 보다 • 156
단층촬영기술 CT /
광간섭 단층촬영기술 OCT

22. 빛으로 에너지를 보다 • 161
오로라 / 코로나 방전을 이용한
키를리안 사진

제4장
빛으로 미래(未來)를 열다

23. 빛으로 정보를 저장하다 • 168
CD와 DVD / 바코드 /
QR 코드

24. 빛으로 정보를 재생하다 • 174
홀로그래피 /
아날로그 홀로그램 /
디지털 홀로그램

25. 빛으로 통신을 하다 • 182
광섬유와 광통신 /
5G/6G 기술과 광통신

26. 빛으로 암호를 주고받다 • 188
양자 암호통신 기술 /
양자 내성암호 기술

27. 빛으로 흔적을 감별, 감식하다 • 195
위조지폐의 감별 /
지문과 혈흔의 인식과 감식

28. 빛으로 투명망토를 구현하다 • 201
투명망토 기술 /
메타 물질

29. 빛으로 온도를 측정하다 • 207
비접촉식 온도 계측 /
광섬유를 이용한 온도 계측

30. 빛으로 자르고 깎아내다 • 213
레이저 가공(Laser Machining) /
극자외선과 반도체 가공

31. **빛으로 전기를 만들다** • 217
   Si 태양전지 /
   창문형 투명 태양전지 /
   염료감응형 태양전지

32. **빛으로 빛을 만들다** • 222
   레이저의 원리 /
   광섬유 레이저 /
   인공태양과 핵융합 /
   레이저를 이용한 핵융합

그림 및 사진 출처 • 235

참고자료 • 238

찾아보기 • 243

저자 소개 • 252

제1장

빛을 탐(探)하다

1. 빛이 탄생하다 • 002
2. 빛의 정체를 밝히다 • 009
3. 빛의 속도를 측정하고 계산하다 • 015
4. 빛은 이중성을 가진다 • 023
5. 빛은 양자다 • 030
6. 빛은 굴절, 반사, 분산한다 • 038
7. 빛은 간섭, 회절, 산란한다 • 047
8. 빛은 편광한다 • 055

제1장
빛을 탐(探)하다

1. 빛이 탄생하다

"태초에 하나님이 천지를 창조하시니라. 땅이 혼돈하고 공허하며 흑암이 깊음 위에 있고 하나님의 영은 수면 위에 운행하시니라. 하나님이 이르시되 빛이 있으라 하시니 빛이 있었고, 빛이 하나님이 보시기에 좋았더라. 하나님이 빛과 어둠을 나누사 하나님이 빛을 낮이라 부르시고 어둠을 밤이라 부르시니라."

― 창세기 1장 1~5절

태초에 조물주인 하나님이 빛을 창조하였고 이 빛을 낮이라고 불렀다고 성경은 그 첫머리인 창세기에서 말한다. 공허한 하늘과 땅이 창조된 태초가 언제인가를 알면 빛의 탄생 시점도 알 수 있을 것이다. 오래전부터 사람들은 그 순간이 있었다면 언제인지를 알아보고자 고심해왔다. 물론 이런 호기심조차 신의 영역이라 아예 상상조차 못했거나 너무 어려워 무심하게 넘겼을 것이다.

밝고 환한 햇빛이 태양으로부터 온다는 것은 눈으로 보고 알 수 있다. 태양이 빛을 내뿜었던 그 시점을 알 수만 있다면 태양빛의 출생 연도를 짐작할 수 있을 것이다. 그런데 태양만이 빛을 내는 것이 아니라 수많은 다른 별도 빛을 내므로 빛의 탄생 시점은 더욱 모호하다. 스스로 빛을 내는 항성 중의 하나인 태양은 지구와 화성 등 스스로 빛을 내지 못하는 행성들을 가족 삼아 태양계를 이루고 있다. 이러한 태양계와 같은 별의 집단이 은하계galaxy에는 수없이 많고 이런 은하계 또한 수없이 많다.

태양 같은 항성에서 나오는 빛의 근원과 빛이 처음 나온 시점이 궁금하다. 우리가 매일 보는 태양에서 나오는 햇빛이 태초에 탄생한 빛과 같은 것인지, 밤하늘의 다른 별에서 나오는 빛과는 어떻게 다른지도 궁금하다. 세상 최초의 빛은 우주에서 가장 먼저 생긴 별에서 나온 빛일 것이다. 빛이 없는 곳을 어둠이라고 하는데 어둠의 시작은 또 언제부터인지 참으로 어렵기만 하다. 오래전 철학자나 과학자도 이와 같은 빛의 근원을 탐구하기 위해 많은 노력을 기울였다.

빛은 1초에 지구를 일곱 바퀴 반을 돌 만큼 빠르게 초속 3억 미터의 속도로 우주에서 사방으로 퍼져나간다. 빛은 그 속도가 엄청 빠르다고 해도 한계가 있다. 과학계에서 현재까지 가장 유력하게 인정받고 있는 이론은 우주는 무한히 작은 한 점에서 출발했고 그때 빛도 탄생했다는 이론이다. 소위 대폭발이라고 하는 '빅뱅the Big Bang' 이론인데, 우주가 팽창하기 전에는 우주의 크기가 작았고, 시간을 계속 거슬러 올라가면 한 점이었던 어느 순간이 있었다는 이론이다. 다시 말하면 우주는 무한히 작은 한 점에서 출발했고 이때부터 시간도 시작되었다는 것이다. 이 이론은 1929년, 은하들이 후퇴하는 것을 관측해 우주가 팽창한다는 사실을 발표한 미국의 천체물리학자인 허블Edwin Powell Hubble, 1889-1953에 의해 제시되었다. 빅뱅으로 우주가 탄생한 지 38만 년 후에 처음으로 빛이 우주 전체로 흩어졌는데, 이후 우주가 팽창하면서 빛 역시 초기의 가시광선과 적외선에서 파장이 길어져 초단파가 되었다.

실제로 1964년에 우주를 떠도는 '우주배경복사cosmic background radiation'라고 하는 전자기파electromagnetic wave가 발견됨으로써 이 빅뱅 이론은 우주의 탄생과 진화를 설명하는 우주론의 정설이 되었다. 우주배경복사는 우리가 관측할 수 있는 가장 오래된 빛이라 할 수 있으며, 빅뱅 때 탄생한 빛이라 '태초의 빛the light in the Beginning'이라고도 불린다. 우리는 우주에서 날아오는 극히 미약한 이 전자기파인 빛을 관측하여 우주의 변화 과정을 이해할 수 있다.

허블은 우주가 팽창하는 속도로 허블 상수Hubble constant를 제시하고, 허블 상수를 측정하면 우주의 나이를 역산해 알아낼 수 있다고 주장하였다. 허블 상수는 초기 우주로부터 방출된 우주배경복사로 인한

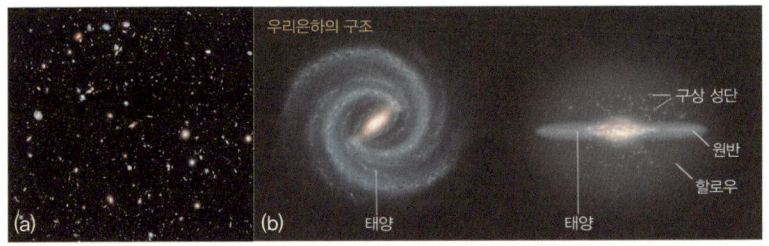

(a) 허블 망원경으로 관찰한 우주의 모습. 23일간 연속 노출하여 촬영한 10년의 결과를 모은 것이다. 점으로 보이는 것이 각기 다른 은하의 모습인데 우주에는 이러한 은하가 약 1조 개 정도가 있다. (b) 그중 하나인 납작한 나선모양의 은하 가장자리 부근에 태양계가 위치하고 있다.[1]

우주의 온도를 측정하거나 지구로부터 별(초신성)까지의 거리를 측정하여 구한다. 가장 최근에 측정된 허블 상수는 2019년 독일의 천체과학 연구팀에 의해 밝혀진 것으로, 천체의 중력장에 의해 빛의 경로가 휘는 현상을 이용하여 얻은 허블 상수는 82.4메가파섹Mpc, Megaparsec이었다. 참고로 1메가파섹은 천체가 1초에 약 326만 광년을 이동할 때의 속도를 말한다. 이 허블 상수 82.4메가파섹은 빛이 1초에 약 2.7억 광년의 거리를 가는 속도를 말하는 것인데 우주의 팽창이 얼마나 빠른지 짐작조차 하기 어려울 정도다. 이 허블 상수 값을 역으로 계산을 하면 빅뱅은 우리의 시간으로 138억 년 전에 일어났다는 것이 현재까지의 과학기술로 밝혀낸 결론이다.

최근 미국의 NASA, 유럽의 ESA와 캐나다가 공동 개발해 쏘아 올린 제임스 웹 망원경으로 우주의 모습을 더욱 명확하게 관찰할 수 있게 되었다. 가시광선을 주로 포착하는 기존의 허블 망원경과는 달리 제임스 웹 망원경은 적외선을 이용해 더 멀고 넓은 우주를 높은 해상도로 관측한다. 적외선은 우주먼지와 구름을 통과하므로, 그동안 보지 못했던 빅뱅 직후에 탄생한 초기 별들의 모습을 제임스 웹 망원경은 포착하기를 기대하고 있다.

• 빛과 물질의 탄생

밀도가 매우 높고 엄청나게 뜨거운 에너지 덩어리인 한 점에서 빅뱅이 일어난 직후에는 우주는 '초힘superforce'이라는 하나의 힘으로 통일되어 있었고 물질은 형성되지 않았다. 지금의 물질계는 최초의 초힘이 분화된 중력, 강한 핵력, 약한 핵력, 전자기력의 네 가지 힘이 작용하고 있다. 아주 짧은 시간에 우주는 빠르게 팽창하고 온도가 내려가면서 초힘은 분리되어 중력이 떨어져 나가고 다음에는 강한 핵력이 떨어져 나간다. 빅뱅 후 10^{-35}초에 우주를 구성하는 기본 입자인 전자 electron와 쿼크quark가 만들어졌다.

빅뱅이 일어나고 100만분의 1초가 지났을 무렵, 쿼크는 에너지가 충분히 낮아져 강한 핵력을 통해 서로 결합하여 양성자proton와 중성자neutron가 만들어지고 이와 함께 빛인 광자photon도 만들어졌다. 양성자와 전자는 각각 양과 음의 전하 그리고 질량을 가지고 있으나 광자는 질량이 없는 것이 특이한 점이다. 양성자 1개는 수소의 원자핵과 같아서 이때 수소의 원자핵도 만들어졌다.

빅뱅이 일어난 지 약 3분 뒤에는 이미 순식간에 급팽창을 마친 우주의 온도가 1억~100억°C 정도로 낮아지고 물질의 99%를 차지하는 수소^{H}와 헬륨^{He}의 원자핵 같은 입자들이 만들어지기 시작한다. 양성자와 중성자가 결합해 원자핵이 되었는데, 1개의 양성자와 1개의 중성자로 이루어진 중수소 원자핵과 2개의 양성자와 2개의 중성자로 이루어진 헬륨 원자핵 등이 만들어졌다.

시간이 다시 많이 흘러 우주가 빅뱅으로 태어난 지 약 38만 년 뒤에는 우주의 온도가 점점 낮아져 약 3,000°C가 되었을 때, 양성자와 중성자로 이루어진 원자핵은 전자와 결합하여 원자가 본격적으로 만들어진다. 수소 원자핵에 1개의 전자가 결합하여 수소 원자가 되고 헬륨 원자핵은 2개의 전자가 결합하여 헬륨 원자가 된다. 이렇게 원자핵과 전자가 결합해 전기적으로 중성인 원자를 만들자 갇혀 있던 빛은 원자와 분리하여 제약 없이 마음껏 움직이게 된다. 이전까지는 우주의 밀도가 너무 높고 뜨거워 빛은 원자핵과 전자와 충돌하며 그 사이를 뚫고 나올 수가 없었기 때문이다. 우주가 충분히 식고 밀도가 낮아지며 원자가 생성되자 갇혀 있던 태초의 빛인 광자는 우주로 퍼져나가기 시작했다.

빛은 전기적으로 중성인 원자들 사이에서 자유롭게 뛰쳐나와 수십만 년이 지난 지금도 우리는 이 빛을 관측할 수 있다. 처음 방출될 때 가시광선과 적외선이었던 빛은 우주가 팽창함에 따라 그 파장이 길어져 지금은 초단파의 전자기파로 관측된다. 이것이 바로 앞에서 언급한 '우주배경복사'라고 부르는 빛이다. 빅뱅 이후 계속해서 우주는 팽창하고 이에 따라 온도는 더 내려가 지금은 -270°C(절대온도 3K) 정도로 낮아졌다.

이러한 빅뱅 이론도 빅뱅이 일어난 시점의 초고밀도의 높은 에너지가 어떻게 존재하고 있었는지, 그리고 무엇이 이 폭발을 일으켰는지는 아직도 정확하게 규명하지 못하고 있다. 최근에 빅뱅 이전에도 우주의 팽창이 있었고 암흑 에너지와 암흑 물질이 존재했다는 주장이 나왔다. 빅뱅 전에 정확히 무엇이 있었는지는 더더욱 아리송하다. 일부 과학자들은 현재의 우주를 탄생시킨 빅뱅 또한 무한 반복되는 빅뱅 중 하나에 불과할 수도 있다고 주장하고 있다. 그러나 빅뱅 이후의 물질과 우주의 형성 과정에 대해서는 빅뱅 이론이 현재의 과학계가 인정하는 우주론으로 자리매김하고 있다고 볼 수 있다.

• 햇빛은 태양에서 온다

태초의 빛은 우리의 눈으로는 볼 수 없는 초단파 파장 영역의 빛이라 전파망원경이라는 도구가 아니면 측정할 수가 없다. 그럼 우리가 낮이면 환하게 보는 빛은 어디에서 오는 것일까? 우리 눈으로 감지할 수 있는 파장 영역의 빛인 소위 가시광선은 주로 우주에 있는 많은 별들 중 하나인 태양으로부터 온다. 물체는 열을 받아 온도가 올라가면 빛을 내는데, 이러한 물체를 '흑체black body'라고 하며 태양도 여기에 속한다. 태양은 3개의 층으로 이루어져 있고 그중에서 약 5,800°C에 이르는 복사층radiative zone으로부터 빛이 나오는데, 전체 빛 에너지 중 약 44%가 가시광선이다. 물론 태양 이외의 별에서도 빛이 나오지만 워낙 멀리 떨어져 있기 때문에 반짝임으로만 보는 것에 만족할 수밖에 없다.

  태양은 수소와 헬륨 등이 뜨거운 플라즈마plasma 상태로 이루어진 구 모양의 스스로 빛을 내는 항성이다. 73%가 수소, 25%가 헬륨, 나머지는 산소, 탄소, 네온, 철 등 무거운 원소로 이루어진 초기 우주의 모습을 간직하고 있는 별이다. 지구에 가까워 우리에게는 아주 밝게 보이나, 빛을 내는 다른 항성들에 비해서는 그리 밝은 별은 아니다. 태양은 초당 6억 톤의 수소를 헬륨으로 바꾸는 핵융합반응으로 엄청난 에너지를 발생시키고, 그 에너지의 일부는 전자기파 형태의 빛으로 외부로 방사된다. 이렇게 태양에서 방출된 빛은 지구까지 도달하는 데 약 8분 19초가 걸린다. 지구에 도달한 빛은 생명체에 필요한 에너지를 공급하며 식물의 광합성을 일으키고 날씨와 기후를 만든다. 지구는 24시간을 주기로 자전하기 때문에 태양을 같은 위치에서 24시간의 주기로 볼 수 있다.

우주에서 본 지구와 태양의 모습과 지구에서 본 태양의 모습²

현재 우리가 늘 보는 따뜻하고 밝은 빛은 아직도 핵융합반응이 활발하게 일어나는 태양으로부터 오는 것이다. 이 태양도 아주 먼 미래이겠지만 수소의 핵융합 에너지가 모두 소진되면 빛을 밝힐 수 없는 별이 될 것이다. 태양빛은 일반적으로 흰색을 띤다고 표현을 하지만, 아침에 보는 햇빛과 낮과 해 질 무렵의 햇빛은 그 색이 서로 많이 다르다. 이것이 빛의 속성을 알아보는 데 한 가지 단서가 되기도 한다.

2. 빛의 정체를 밝히다

태초에 탄생한 최초의 빛은 아직도 전자기파의 형태로 우주를 떠다니고 있다. 그 빛은 우리 눈으로는 감지할 수 없을 정도로 세기가 작을 뿐만 아니라 파장 역시 눈의 감지 영역 밖이라 전혀 볼 수가 없다. 하늘에는 무수히 많은 별들이 반짝이고 있고 우리는 그 별들에게서 나오는 빛을 보고 그 존재를 확인할 수 있다. 물론 낮과 밤 구별 없이 반짝이지만 낮에는 밝은 태양 빛에 가려 우리 눈에 잘 보이지 않는다.

우리가 매일 보는 태양에서 오는 햇빛은 무엇으로 이루어진 것일까? 우리 눈에 보이기는 하는데 잡을 수도 없고 정체가 모호하다. 숯에 불을 붙이면 빨갛게 타면서 빛이 나오고, 대장간에서 쇠를 불에 달구면 벌겋게 달아오르며 빛이 나온다. 백열등도 마찬가지로 전기를 통하면 전구 속의 텅스텐 필라멘트에서 연노란색의 빛이 나온다. 햇볕을 쬐거나 불 곁에 가면 따뜻해지는 것으로 보아 빛은 밝게 비추는 성질과 함께 온도를 올려주는 특성도 있어 보인다. 숯과 금속에서 나오는 빛도 태양에서 나오는 빛과 같은 것일까?

지구에 사는 우리에게 다가오는 빛은 공급원에 따라 여러 형태가 있다. 그 가운데 하나는 다름 아닌 태양에서 오는 햇빛인데, 태양에서 일어나는 수소의 핵융합반응의 결과로 빛이 방출되어 우주 공간을 통해 지구에 도달한다. 또 하나는 나무를 태우거나 석유 등이나 양초를 켤 때 일어나는 화학반응으로 생기는 불에 의해 비춰지는 빛이다. 다음으로는 전등이나 형광등에서 나오는 빛인데 전기에너지가 빛으로 변환된 것이다. 또 다른 형태로는 반딧불이 같은 곤충이나 동물이 내는 빛인데 생체 에너지가 빛으로 변환된 것이다. 빛을 이용해 또 다른 빛을 발생시키는 레이저는 현대의 과학기술이 만들어낸 또 다른 빛의 공급처이다.

• 수소의 핵융합과 빛

태양이 열과 빛을 내는 원리는 가장 가벼운 물질인 수소가 초당 6억 톤 정도를 소모하며 헬륨으로 변화하는 핵융합반응이 일어나기 때문이다. 핵융합반응 때 전체 질량이 약 6% 감소하는데 감소된 질량만큼 에너지를 만들어낸다. 질량과 에너지의 관계를 나타내는 아인슈타인 Albert Einstein, 1879-1955의 유명한 식인 $E=mc^2$를 보면 작은 질량의 변화가 만들어내는 에너지는 빛의 속도의 제곱을 곱한 값이므로 엄청나게 크다는 것을 알 수 있다.

밤하늘의 대부분의 별들도 태양처럼 수소의 핵융합반응으로 빛을 낸다. 그런데 별들을 보면 각기 색들이 조금씩 다른데, 약간 주황색을 내는 태양과는 달리 좀 더 밝은 흰색이나 푸른색을 띠는 별들이 있다. 대부분의 별은 태양처럼 가장 단순한 원소인 수소와 그 핵융합반응의 산물인 헬륨으로 이루어져 있다. 따라서 그 성분에 의해 색이 확연히 달라지지는 않는다. 별의 색이 다르게 보이는 것은 핵융합이 일어나 발생한 전자기파의 복사가 일어나는 별 표면의 '복사층'의 온도가 다르기 때문이다.

별들은 핵융합반응을 통해 높은 온도의 열과 함께 빛을 내뿜는다. 이때 온도가 높을수록, 다시 말하면 에너지가 클수록 파장은 짧아져 푸른색을 띠고, 온도가 낮아질수록 파장이 길어져 붉은색을 띤다. 별의 표면온도가 20,000~35,000K 정도에 달하면 청색, 15,000K 정도에서는 청백색, 7,000K 정도에서는 황백색처럼 보인다. 온도가 낮아져 태양과 비슷한 5,500K에서는 황색, 4,000K에서는 주황색, 3,000K에

O형(청색)
2만~3만 5,000K

B형(청백색)
1만 5,000K

A형(백색)
9,000K

F형(황백색)
7,000K

G형(황색)
5,500K

K형(주황색)
4,000K

M형(적색)
3,000K

높다 ← 표면온도(K · 절대온도) → 낮다

별의 표면온도와 별빛의 색[3]

서는 적색으로 보인다. 참고로 섭씨degree Celsius 0°C는 절대온도로 273.15K에 해당한다. 별의 색을 비교해볼 때 태양은 다른 별들에 비해 그 표면의 온도가 비교적 낮은 별임을 알 수 있다.

태양은 우주에서 스스로 빛을 내는 다른 별들과 같이 고온·고압의 플라즈마plasma 상태로 존재한다. 플라즈마란 고온에서 전자가 떨어져 나간 양성자로만 이루어진 원자핵의 상태를 말하는데, 태양은 플라즈마 상태인 기체가 구 모양으로 뭉친 덩어리라고 할 수 있다. 일반적으로 물질을 이루는 원자의 핵은 양+의 전하를 가져 서로 밀어내는 반발력으로 핵끼리는 서로 결합할 수가 없다. 그러나 초고압 상태에서 초고온으로 가열되면 원자핵들은 밀어내는 척력보다 결합력이 더 커져서 핵융합이 일어난다. 핵융합이 일어날 때의 압력은 약 2,600억 기압, 온도는 약 1,500만K라고 알려져 있다.

이러한 핵융합의 결과로 태양은 엄청난 양의 광자photon를 쏟아낸다. 이것이 매일 우리가 맞이하는 햇빛이다. 물론 이 태양 빛은 지구뿐만 아니라 수성, 금성, 화성, 목성, 토성 등 태양계 내의 모든 행성들에

개기일식 때 볼 수 있는 태양 바깥으로 뻗쳐 보이는 화염인 코로나의 모습[4]

게도 골고루 비치고 있다. 태양이 지구 그림자에 가려지는 개기일식 때 우리는 태양 바깥을 볼 수 있는데, 태양의 바깥 부분에 화염처럼 넘실거리는 오라^{aura}를 코로나^{corona}라고 부른다. 참고로 요즈음 전 세계적으로 고통을 주고 있는 폐렴의 주범인 코로나 바이러스의 이름은 그 모양이 태양의 코로나와 비슷해 붙여진 것이다.

이 코로나 화염을 통해 태양은 빛을 방출한다. 태양빛은 특정한 파장이 아닌 대부분의 파장을 포함한 빛을 내보내는데 그 원인에 따라 세 가지로 나뉜다. 첫 번째인 K-코로나는 화염 속에 있는 자유전자의 산란으로 생기며 빛의 파장에 따른 스펙트럼^{spectrum}상에서 특정한 흡수선$^{absorption\ lines}$은 보이지 않는다. 두 번째인 F-코로나는 첫 번째 빛이 먼지 입자 등에 충돌하여 나온 빛으로 스펙트럼상에서 프라운호퍼 흡수선$^{Fraunhofer\ absorption\ lines}$이라고 부르는 파장의 빛을 제외한 빛이다. 마지막 세 번째는 E-코로나라고 부르는 것으로 코로나 플라즈마에 있는 이온들이 방출하는 빛이다. 결론적으로 태양은 거의 전 파장영역에 걸쳐 연속적으로 빛을 방출하지만, 프라운호퍼 흡수선에 해당하는 파장에서는 빛이 나오지 않는다. 우리 눈이 감지하는 파장의 빛인 가시광선 영역에서는 흡수선이 없이 연속적으로 빛이 나오며 모든 파장의 빛이 합쳐져 흰색으로 보인다.

• 열복사에 의한 빛

세상에 존재하는 물체는 핵융합반응의 결과로 방출된 햇빛과는 달리 온도를 올리면 빛이 나온다. 물체가 뜨거워지면 열과 빛을 내는데 이러한 열복사$^{thermal\ radiation}$에 의한 빛은 여러 파장의 빛으로 이루어져 있다. 심지어 우리 몸에서도 파장이 긴 적외선이 나오는데 우리 눈에는 보이지 않을 뿐이다. 방출되는 빛의 파장은 물체의 종류와는 무관하고 온도에 따라 달라진다는 것이 키르히호프Gustav Robert Kirchhoff, 1824-1887라는 독일의 물리학자에 의해 1850년 후반에 밝혀졌다. 그러나 이러한 열복사 이론은 그 당시 스코틀랜드의 물리학자인 맥스웰James Clerk Maxwell, 1831-1879에 의해 밝혀진 빛은 전자기파라는 이론과는 별개로 취급되었다. 맥스웰은 전기장과 자기장의 파동적인 성질을 밝혀내어 방정식을 유도하였는데, 전자기파의 속도가 측정된 빛의 속도와 일치하여 빛은 전자기파라고 결론지은 바 있다.

한편 과학자들은 빛의 성질을 규명하다가 17세기에 이르러서야 태양 빛은 한 가지 색이 아닌 여러 가지 색의 빛이 합쳐져 흰색으로 보인다는 것을 알게 되었다. 프랑스의 물리학자이자 철학자였던 데카르트René Descartes, 1596-1650는 유리로 만든 조그만 프리즘prism에 빛을 통과시키자 흰색의 빛이 빨간색과 파란색으로 분리됨을 발견하였다. 그는 프리즘을 통과한 빛이 다른 색으로 바뀐 것은 프리즘의 유리 재질

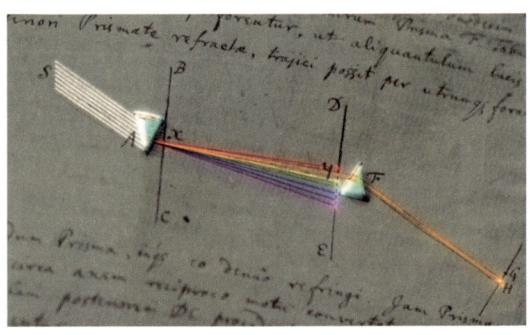

백색광이 여러 가지 파장의 빛으로 이루어진 것임을 프리즘을 이용하여 증명한 뉴턴의 실험[5]

때문이고, 빛은 원래 색이 없다고 생각했다.

그러나 데카르트의 색 실험을 접한 영국의 뉴턴Sir Isaac Newton, 1642-1726은 검증 실험을 하게 된다. 작은 구멍을 낸 창문을 통해 햇빛을 어두운 방 안으로 보내 첫 번째 프리즘을 통과시키자 흰색의 빛이 빨주노초파남보의 여러 빛으로 나누어짐을 확인하였다. 그런 다음 이 무지갯빛 색 중 다른 색은 모두 가리고 한 가지 색의 빛만을 통과시켜 두 번째 프리즘을 지나가게 하자 빛은 더 이상 나누어지지 않고 변화가 없었다. 또 다른 실험에서는 무지갯빛으로 나누어진 색을 거꾸로 다른 프리즘으로 모은 결과 원래의 색인 흰색으로 되돌아오는 것을 발견하였다. 이 두 가지 실험으로 뉴턴은 빛이 데카르트가 말한 프리즘의 재질 때문에 여러 색으로 변하는 것이 아니라 빛 자체가 여러 색의 빛을 가지고 있다는 것을 확신하였다. 즉, 흰색으로 보이는 빛은 여러 가지 파장의 빛이 합쳐진 것이라는 것을 증명하였던 것이다.

이후 영국의 물리학자 울러스턴William Hyde Wollaston, 1766-1828은 햇빛을 프리즘 대신 좁은 틈새인 슬릿slit을 통과시켜 띠처럼 무수한 색이 연속적으로 나오는 스펙트럼을 얻었다. 이 실험 결과 또한 햇빛이 여러 파장의 다른 빛으로 이루어져 있다는 것을 재확인한 것이었다.

3. 빛의 속도를 측정하고 계산하다

낮에는 태양으로부터 오는 햇빛을 보는데 밤에는 지구가 태양을 가려 볼 수가 없다. 밤에는 태양 대신 환한 달과 반짝이는 별을 하늘에서 볼 수 있다. 달과 태양계의 행성인 수성, 금성, 목성 등이 밤에 빛나는 것은 태양 빛이 그 표면에서 반사되기 때문이다. 대부분의 별은 태양처럼 스스로 빛을 내는 항성인데 이러한 별을 본다는 것은 별에서 나온 빛을 보는 것이다. 언제 출발했는지 모르는 과거의 빛을 본다는 것은 지금 보는 별은 현재가 아니라 과거의 모습이라는 것을 말해준다. 우주의 별들은 빛이 수백만, 수천만 년을 달려올 만큼 멀리 있다.

이러한 별과 우주와 대한 의문점과 경외심은 현재를 사는 우리처럼 옛날 사람들도 마찬가지였을 것이다. 특히 과학자들에게는 별과 빛이야말로 좋은 탐구 대상이었다. 번개가 치는 모습을 보면 빛이 속도를 가진다는 것을 단번에 알 수 있다. 순간이지만 지그재그 모양으로 내려치는 번개 빛은 처음과 끝이 있기 때문이다. 번개 치는 순간을 측정하면 빛의 속도를 알 수 있을 것이다.

오래전부터 철학자들은 빛의 속도에 관해 관심을 많이 가진 듯하다. 기원전 5세기경 그리스의 철학자인 엠페도클레스Empedocles, B.C.494-434는 빛의 속도가 유한하다고 처음으로 주장하였다. 반면 아리스토텔레스Aristotle; Aristotelēs, B.C.384-322는 빛이 이동하는 것이 아니어서 무한대의 속도를 가진다고 주장하였다. 이후 각국의 철학자들과 과학자들은 빛의 속도에 대한 서로 다른 의견으로 갑론을박의 시대를 보낸다. 11세기에 들어와서 이슬람 과학자인 알하젠Alhazen; Ḥasan Ibn al-Haytham, 965-1040은 빛의 속도는 유한하다고 다시 제안하였고, 페르시아의 과학자인 알-비루니Abu Rayhan al-Biruni, 973-1050 또한 빛은 유한한 속도를 가진다는 데 동의하였으며, 빛은 공기보다 빠르다는 것을 확인하였다. 그러나 13세기에 들어와서도 아리스토텔레스의 이론을 계승한 빛의 무한속도론은 영국의 철학자이자 과학자였던 베이컨 Francis Bacon, 1561-1626까지 이어져온다.

17세기 초 독일의 천문학자인 케플러 Johannes Kepler, 1571-1630는 빛이 진공에서는 무한한 속도를 가진다고 주장하였는데, 놀랍게도 프랑스의 수학자이자 물리학자였던 데카르트 또한 빛의 속도가 무한하다고 주장하였다. 빛이 한 가지 색으로 이루어진 것이 아님을 밝혀내고 무지개의 원리를 최초로 자세하게 규명하였던 저명한 과학자인 데카르트였음에도 말이다. 그러나 프랑스의 또 다른 수학자인 페르마 Pierre de Fermat, 1607-1665는 빛의 속도는 유한하며, 밀도가 높은 매질을 통과할 때는 속도가 줄어든다고 주장하였다. 그 당시 관측 장비의 수준으로 빛의 속도를 측정하기는 거의 불가능해 이렇게 서로 다른 주장들은 입증하기가 어려웠을 것이다.

한편 빛의 속도를 직접 측정하려는 시도가 유럽의 여러 나라에서 일어났다. 거울에 빛을 비춰 돌아오는 시간을 측정하여 속도를 재는 실험이 1629년에 네덜란드의 과학자인 베크만 Isaac Beeckman, 1588-1637에 의해 제안되었고, 이탈리아의 수학자이자 천문학자였던 갈릴레오 Galileo di Vincenzo Bonaiuti de' Galilei, 1564-1642는 빛의 속도를 측정하고자 했던 최초의 인물이었다.

• 빛의 속도를 측정하다

갈릴레오는 네덜란드에서 처음 발명된 망원경의 소식을 들은 후 정교한 유리 렌즈를 만들어 1609년에 배율 9배의 망원경을 만드는 데 성공한다. 그는 망원경을 베네치아의 종탑에 설치하여 달과 별들을 관찰하는 실험을 시작하였는데, 달이 육안으로 보는 것과는 달리 매끈하지 않고 울퉁불퉁하다는 것을 발견하였다. 목성을 관찰한 결과로는, 목성 주위에는 반짝이는 4개의 작은 별들이 있고 이 작은 별들의 위치가 매일 달라졌다. 그가 내린 결론은 4개의 작은 별들은 목성의 위성이고 이 별들이 목성을 중심으로 공전한다는 것이었다. 갈릴레오는 이러한 천체 관측을 통해 달은 지구 주위를 돌고 지구는 태양 주위를 도는 것을 확신하여 코페르니쿠스Nicolaus Copernicus, 1473-1543의 지동설the heliocentric theory을 지지하게 된다. 1638년에는 빛의 속도를 측정하는 시도를 하였는데, 산꼭대기에서 등불을 비춰 빛이 오는 짧은 시간을 측정해 그 속도를 알아보려 했으나 빛의 속도가 너무 빨라 실패하였다. 지금 측정한다면 1마일 떨어진 곳의 불빛이 날아오는 시간이 11마이크로초(백만분의 1초)μsec이므로 그 당시에는 측정할 수 없는 찰나의 시간이었을 것이다.

 빛의 속도는 역사상 처음으로 1675년에 덴마크의 천문학자인 뢰머Ole Christensen Rømer, 1644-1710에 의해 측정되었다. 뢰머는 목성 주위를 도는 위성에 대한 관측을 하던 중 지구의 위치에 따라 목성과 지구 사이의 위성이 정렬하는 주기가 달라진다는 것을 발견하였다. 목성이 지구에 가장 근접했을 때와 가장 멀리 있을 때 22분 차이가 있었고, 이 시간 차가 빛이 태양을 도는 지구의 공전궤도의 지름을 지나가는 시간이라고 추정하였다. 빛의 속도는 2.12×10^8 m/sec으로 계산되었고, 이는 현재 사용하는 빛의 속도보다는 26% 작은 값이었으나 그 당시에는 놀랍고도 획기적인 결과였다. 빛은 무한대의 속도를 가진다고 알려져 있었는데 유한한 값을 측정하여 제시하였기 때문이다.

1729년에 영국의 천문학자인 브래들리James Bradley, 1692-1762는 빛이 나오는 별의 위치는 지구의 공전 때문에 이동되어 보인다고 주장하고 이 차이를 측정해 빛의 속도를 추정하였다. 빛은 지구의 공전속도보다 10,210배나 빠르며 빛이 태양에서 지구까지 오는 데는 8분 12초가 걸린다고 계산하였다. 현재 정확한 빛의 속도로는 8분 19초가 걸리는데, 별의 관측만으로 빛의 속도를 이 정도로 측정할 수 있었다는 것은 놀라운 일이다.

이후 빛의 속도 측정은 밤하늘을 관측하는 방법에서 탈피하여 실험실에서 빛을 이용하는 방향으로 발전한다. 태양빛이나 등불이 다 같은 성질의 빛이라는 것을 그 당시 인정했다는 근거가 된다. 1849년에 프랑스의 물리학자 피조Armand Hippolyte Louis Fizeau, 1819-1896는 회전하는 톱니바퀴를 이용하여 빛을 보내고 반사시킨 후 그 시간 차를 측정하여 빛의 속도를 구하였다. 연속적인 빛이 아닌 펄스 형태의 빛을 톱니바퀴를 통과시켜, 8.63km 떨어진 지점에 있는 거울에 의해 반사되어 되돌아오게 하는 실험이었다. 톱니바퀴의 회전속도를 변화시켜가며 관측한 결과 빛의 속도가 3.15×10^8m/sec라는 값을 얻었다. 이후 프랑스의 물리학자 푸코Jean Bernard Léon Foucault, 1819-1868는 피조의 측정 방법을 개량하여 톱니바퀴 대신 회전하는 거울을 이용하여 더욱 정밀하게 빛의 속도를 측정할 수 있었다. 특히 피조와 푸코는 물속에서의 빛의 속도도 측정하여 공기 중에서보다 느리다는 것을 보였다. 이 결과는 물속에서는 빛이 더 빨라진다는 뉴턴의 주장을 실험으로 반박한 것으로 빛의 파동성을 더욱 공고하게 하는 결과를 낳았다.

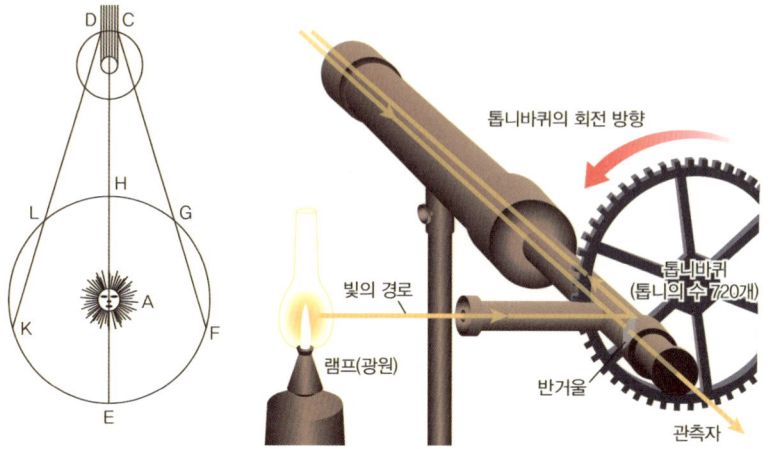

(a) 뢰머와 (b) 피조가 빛의 속도를 측정한 방법[6]

현대에 들어와서는 미국의 물리학자인 마이컬슨Albert Abraham Michelson, 1852-1931과 몰리Edward Williams Morley, 1838-1923에 의하여 빛의 속도는 더욱 정교하게 측정되었다. 그들은 정확성을 높이고자 푸코의 측정 방법을 개선하였는데, 반투명 거울을 이용해 투과하는 빛과 반사하는 두 개의 빛으로 나눈 후 각각의 빛을 바깥에 설치된 거울에 반사시키는 방법을 이용하였다. 반사되어 되돌아오는 두 개의 빛이 합쳐져 일어나는 간섭 현상을 이용하여 빛의 속도를 얻었다. 이 방법으로 측정한 빛의 속도는 2.99774×10^8m/sec로 현재 공인된 값인 2.99792458×10^8m/sec와 비교할 때 차이가 거의 나지 않는다. 빛의 속도를 정확하게 측정한 실험 방법과 그 결과는 빛이 전파할 때 반드시 필요하다고 생각했던 가상의 매질인 에테르aether를 실험적으로 부정하는 최초의 유력한 증거가 되었다. 이 결과로 그들은 1907년에 미국에서 처음으로 노벨 물리학상을 받은 과학자가 되었다.

빛이 파동의 일종이라고 생각했던 그 당시에는 매질이 반드시 있어야 한다는 것이 중론이었다. 우주에는 정지한 상태로 퍼져 있는 에테르라는 물질이 있어야 한다고 1678년에 처음으로 주장한 과학자는 네덜란드의 하위헌스Christiaan Huygens, 1629-1695였다. 영국의 물리학자인 영Thomas Young, 1773-1829이 빛의 간섭 현상을 1804년에 발견한 이후에는 과학계는 더욱 에테르의 존재를 인정하는 분위기였다. 빛의 파동 이론을 믿지 않았던 뉴턴조차 모든 공간에는 밀도가 다른 에테르로 차 있다고 그의 저서 『프린키피아』[Principia; Principia Mathematica Philosophiæ Naturalis(Mathematical Principles of Natural Philosophy), 1687]에서 설파한 바 있었다.

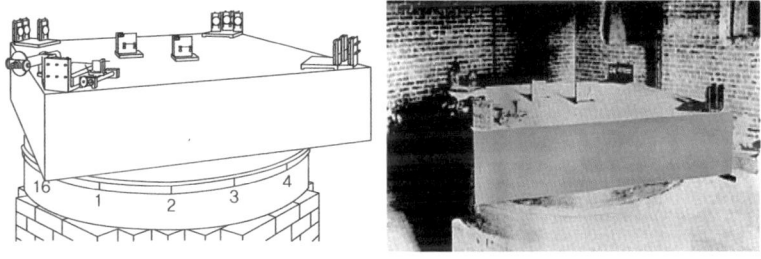

마이컬슨과 몰리가 빛의 속도를 측정한 장치. 지하실에 설치하여 진동을 최소화한 후 빛의 간섭을 이용해 빛의 속도를 측정하였다.[7]

마이컬슨과 몰리 또한 이러한 에테르의 존재를 지지했었고 에테르의 존재를 증명하려고 빛의 속도 측정을 한 것이었는데 결과는 예상과는 정반대로 나왔다. 그들은 에테르가 있는 정지 공간을 지구가 일정한 속도로 등속원운동을 하고 있는 좌표계라고 가정한 후 한 빛은 지구의 운동 방향과 평행하게 또 다른 빛은 수직하게 보내 서로 교차하게 하여 빛이 간섭하여 생기는 간섭무늬를 관찰한 것이었다. 이때 간섭계 전체를 회전시키면 두 빛의 경로에 위상차가 발생하여 간섭무늬interfernce pattern가 변할 것을 예상하였는데, 결과는 간섭무늬에는 어떠한 변화도 없었다. 이 실험으로 오랫동안 받아들여졌던 에테르가 우주 공간에 있다는 이론은 부정되었다.

• **빛의 속도를 계산하다**

한편 1862년에 스코틀랜드의 물리학자 맥스웰James Clerk Maxwell, 1831-1879은 전기와 자기에 대한 선배 과학자들인 가우스Johann Carl Friedrich Gauss, 1777-1855, 패러데이Michael Faraday, 1791-1867, 앙페르André-Marie Ampère, 1775-1836의 연구 결과를 이용하여 전자기파에 관한 방정식들을 이론적으로 멋지게 표현해냈다. 이 방정식들을 조합하여 만든 파동방정식을 통해 전자기파의 속도가 그동안 알려진 측정된 빛의 속도와 같다는 것을 알게 되었다. 결론적으로 빛은 다름 아닌 전기장과 자기장으로 이루어진 파동이라는 것을 알아낸 것이었다. 빛의 속도는 전하량을 나타내는 유전율permittivity과 자기적 성질을 나타내는 투자율permeability을 곱한 값의 제곱근에 반비례하는 값으로 표현된다. 오늘날 사용하고 있는 빛의 속도는 진공에서 2.99792458×10^8 m/sec이다. 이 빛의 속도로 길이를 정의하는데, 1m는 빛이 $1/2.99792458 \times 10^8$ m/sec초, 즉 약 3.336나노초nsec 동안 이동한 거리이다.

4. 빛은 이중성을 가진다

빛은 눈에는 보이지만 잡을 수가 없다. 햇빛은 한 가지 색이 아니라 파장이 다른 무지개 색의 빛들로 이루어져 있다. 우리 눈에 보이는 빛이라는 의미로 가시광선visible light이라고 부르는데 물론 햇빛에는 다른 빛도 함께 들어 있다. 프리즘을 거쳐 나온 빛 중에서 빨간색 바깥쪽 부분의 온도가 더 올라가는 것을 발견하여 우리 눈에는 안 보이지만 또 다른 빛이 있음을 알게 되었다. 빨간색 바깥에 있어 적외선IR, Infrared이라 하며, 파란색 밖에 있는 빛은 자외선UV, Ultraviolet이라고 부른다. 실제 햇빛을 분광계로 스펙트럼을 측정하면 가시광선, 적외선, 자외선 외에도 수많은 빛으로 이루어져 있음을 알 수 있다.

기원전 인도에서는 불을 이루는 원자의 빠른 흐름이 빛이며 햇빛은 태양에서 오는 일곱 가지 빛이라고 가르쳤다. 기하학의 창시자라고 불리는 그리스의 수학자인 유클리드Euclid of Alexandria는 기원전 4세기쯤 이미 『광학optica』이라는 책을 저술하고 빛의 반사에 대해 연구하였다. 기원후 2세기 때는 그리스의 천문학자인 톨레미Claudius Ptolemy(Ptolemaeus), 100-170 또한 광학이라는 책에서 빛의 반사, 굴절, 색에 관해서 논하였다.

- 빛은 입자다

이후 과학자들은 실험적으로 빛의 성질을 규명하려고 많은 노력을 해왔다. 그중 프랑스의 수학자이자 철학자인 데카르트는 1637년에 빛을 파동으로 간주하고, 빛이 굴절하는 것은 빛의 속도가 달라지는 것 때문이라고 주장하였다. 이런 데카르트의 이론으로 현대 물리광학은 시작되었다고 학계에서는 인정하고 있다. 프랑스의 물리학자인 가상디Pierre Gassendi, 1592-1655는 데카르트의 파동설과는 다르게 빛은 입자라고 주장하였고, 사후인 1660년에 이와 관련된 책이 출간되었다.

영국의 뉴턴은 가상디의 이론을 선호하여 빛은 광원으로부터 방출된 입자로 이루어져 있다고 주장하였다. 빛이 다른 색으로 이루어져 있다는 것을 프리즘 실험으로 발견한 뉴턴은 각각의 색은 이에 대응하는 다른 크기의 빛 입자 때문에 일어난다고 주장하였다. 빛의 입자는 그 입자의 크기에 따라 다른 진동을 일으킨다는 것이었다. 즉, 빨간색의 빛은 큰 입자가 긴 진동을 일으키고, 파란색의 빛은 작은 입자가 짧은 진동을 한다고 하는 입자와 파동의 성질을 함께 포함하는 이론을 내놓았다. 빛이 파동이라면 방해물이 있으면 휘어져 나가야 하는데 그렇지 않고 직진한다는 것을 그 이유로 들었고, 이때가 1675년이었다.

그동안 연구해왔던 빛에 대한 이론을 총 정리한 뉴턴은 1704년에 출판한 『광학』에서 빛은 입자로 이루어져 있다고 주장했으나 이 입자 이론은 자체적으로도 결함이 많았다. 빛이 다른 물질을 통과할 때 빛의 방향이 바뀌는 굴절에 대한 이유로 밀도가 큰 물질을 빛이 통과하면 물질이 당기는 중력 때문에 빛의 속도가 빨라지기 때문이라고 하였다. 실제로는 밀도가 높은 매질을 빛이 통과하면 빛은 오히려 속도가 느려진다. 그러나 빛의 반사 현상은 빛을 입자라고 가정하여도 잘 설명되었고 그 당시의 뉴턴의 높은 명성과 권위로 빛의 입자 이론은 그 결함에도 불구하고 18세기가 끝날 때까지 오랫동안 학계에서 인정받았다.

한편 네덜란드의 과학자인 하위헌스는 프랑스의 데카르트와 영국의 훅Robert Hooke, 1635-1703이 주장한 파동 이론을 계승하여 1690년에 빛에 관한 논문을 발표하였다. 만약 빛이 입자라면 충돌로 인해 빛이 흐트러져야 하지만 빛이 교차할 때 서로 방해를 받지 않고 투과한다는 이유로 빛은 파동이라고 주장하였다. 그는 우주에는 정지한 상태로 퍼져 있는 에테르라는 물질이 있다고 처음으로 주장했고 뉴턴도 이 에테르 가설에는 동조하였다. 하위헌스는 에테르가 빛의 파동을 전하는 매질이라고 하고 뉴턴은 빛의 입자가 에테르를 진동시킨다고 주장하였다. 뉴턴의 입자 이론과 하위헌스의 파동 이론은 서로 타협을 할 수 없는 이론으로 병립하였는데 뉴턴의 명성에 의해 입자 이론이 더 많은 지지를 받았다.

• 빛은 파동이다

19세기에 들어와 빛의 입자 이론은 반격을 받기 시작한다. 빛이 파동처럼 간섭interference을 일으킨다는 것을 영국의 영이 실험으로 밝힌 것이었다. 빛의 간섭 현상은 입자 이론을 반박하기에 좋은 증거가 되었다. 간섭은 예를 들어, 연못의 두 군데에 돌을 던져 두 개의 동심원 파도를 만들면 이 두 파동이 진행하다가 중첩되었을 때 줄무늬를 만드는 현상이다. 이러한 간섭 현상은 소리인 음파와 수면파 같은 파동에서 일어나는 현상인데 빛에서도 발견이 되었다는 것이다.

영은 빛이 가늘게 통과할 수 있는 좁은 틈인 슬릿을 두 개 만들어 빛을 통과시켰을 때 줄무늬가 생기는 것을 발견하였다. 슬릿 S1을 통과한 단색광이 슬릿 S1과 S2를 통과하자 파동처럼 간섭무늬가 나타났으

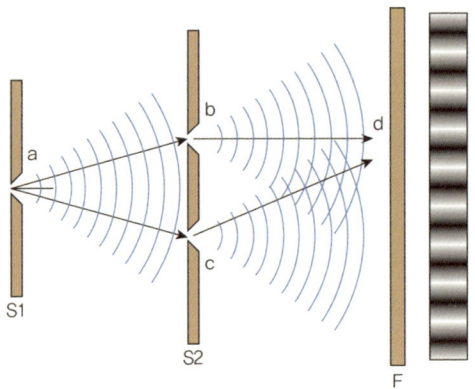

빛이 파동이라는 것을 증명한 영의 이중 슬릿 실험[8]

며, 이것은 빛이 파동성을 가진 것을 의미하였다. 1803년 런던 왕립학회에서 처음으로 영의 실험 결과가 발표되었지만 빛의 입자 이론으로는 설명되지 않는 이 파동 이론은 받아들여지지 않았다. 1818년에는 프랑스의 물리학자 프레넬Augustin-Jean Fresnel, 1788-1827이 빛이 회절하는 현상을 파동 이론으로 설명하였다.

빛의 속도를 정확하게 잴 수 없었던 19세기 초에는 뉴턴의 입자 이론을 반박하기 어려웠으나, 1850년에 이르러 프랑스의 푸코가 빛의 속도를 측정함으로써 하위헌스와 프레넬의 파동 이론이 우세를 점하게 된다. 하위헌스의 파동 이론은 인정을 받게 되지만 음파와 같은 파동에서는 빛과는 달리 매질이 반드시 필요하다는 큰 약점이 있었다. 그러나 파동 이론이 전제하고 있었던 우주에 편만omnipresent한 에테르 가설은 마이컬슨과 몰리의 실험으로 역사의 뒤안길로 사라진다.

한편 이런 빛에 관한 연구와는 별도로, 전기가 처음 발견된 이후 19세기 초에는 전기의 근원에 대한 연구가 활발하게 일어나고 있었다.

덴마크의 과학자 외르스테드Hans Christian Ørsted, 1777-1851는 전기가 흐르는 전선 주위에 놓아둔 나침판의 바늘이 움직이는 것을 보고 전류는 자기를 발생시킨다는 것을 발견하였다. 1820년에 프랑스의 물리학자 앙페르André-Marie Ampère, 1775-1836는 두 전선에 전류를 흘리면 전류의 방향에 따라 전선 간에 힘이 작용하는 것을 발견하였고 이를 수식화하여 전기와 자기와의 관계를 확립하였다.

이후 1845년에는 영국의 물리학자 패러데이Michael Faraday, 1791-1867가 빛의 편광면이 자기장하에서 회전한다는 것을 발견하였는데, 이것은 빛이 전자기 현상과 관련됨을 알린 최초의 실험이었다. 2년 뒤 패러데이는 빛은 에테르와 같은 매질이 없어도 진행하는 고주파의 전자기 진동이라고 제안하였다. 패러데이의 연구 결과에 자극을 받은 스코틀랜드의 물리학자인 맥스웰은 전기자기와 빛에 관한 이론 연구에 매진한다. 1862년에 맥스웰은 빛은 서로 직각을 이루고 있는 전기장과 자기장의 진동이 전파되는 방향으로 이동하는 전자기파와 같다는 결론을 내었고, 계속 이어진 연구로 전자기파의 속도가 빛의 속도와 완전히 일치한다는 결과를 발표하였다.

맥스웰의 결과 발표보다 5년 전인 1857년에 독일의 물리학자인 키르히호프는 빛이 전자기파라는 결과를 얻었으나 우연의 일치로 여겨 아쉽게도 간과하였다. 키르히호프는 전기저항과 전류의 관계를 연구하면서 전기가 전달되는 방식에 관한 일반 이론을 제시하였는데, 전류의 전달 속도가 빛의 속도와 거의 같다는 사실을 발견했던 것이었다.

이후 독일의 물리학자인 헤르츠Heinrich Rudolf Hertz, 1857-1894는 실험을 통해 라디오파의 발생에 성공하고 전자기파의 속도와 빛의 속도가 같음을 밝혀냈다. 맥스웰의 이론과 헤르츠의 실험으로 빛이 파동이라고 하는 이론은 거의 확정된 듯 보였다. 빛의 반사·굴절·회절 현상 모두 파동 이론으로 완벽하게 설명되었고, 가시광선·적외선·자외선은 다 같은 전자기파이며 오직 파장이 다른 빛이라고 하는 결과를 과학계는 인정하기에 이르렀다.

• 빛은 이중성을 가진다

한편 독일의 물리학자 플랑크Max Karl Ernst Ludwig Planck, 1858-1947는 물체가 뜨거워지면 열을 내게 되는 복사radiation 현상을 규명하기 위해 처음으로 광양자설이라는 이론을 내놓는다. 열을 가하면 고유의 진동수를 가진 파장의 빛을 방출하는 흑체black body를 이용해 물체의 온도와 빛의 스펙트럼의 관계를 확립하고자 한 것이었다. 그는 자신의 이름을 딴 플랑크 상수Planck constant h를 도입하여 고유의 진동수를 가진 빛의 최소 에너지 값을 구하면서 양자quantum라는 개념을 세우게 된다. 에너지 자체가 불연속한 값을 가진다는 이론은 물리학에 커다란 변화를 가져왔다. 최소의 에너지 값을 하나의 입자로 간주할 수 있어 빛은 입자라고 생각을 하게 되는 계기가 되었다.

그러나 뉴턴 때부터 주장해오던 빛의 입자설은 걸출한 물리학자들의 파동 이론으로 묻힌 듯했으나 아인슈타인의 등장으로 새롭게 쟁점으로 떠오른다. 1905년에 아인슈타인이 발표한 광전효과photoelectric effect가 계기가 되었는데, 빛을 금속 표면에 조사하면 전자가 튀어나오는 것을 발견한 것이었다. 그런데 칼륨K, potassium에 약한 세기의 파란 빛을 쪼였을 때는 전류가 흐르는 데 반해 강한 세기의 빨간색 빛을 쪼였을 때는 아무 일도 일어나지 않았다. 이 결과를 빛의 파동의 성질로는 도저히 설명할 수가 없었던 아인슈타인은, 플랑크의 가설과 같은 관점으로 빛을 입자의 성질을 가진 양자, 즉 광자로 가정하여 설명하였다.

빛의 세기가 커져도 파장이 긴 빛에는 광전효과가 일어나지 않는 이 현상을 아인슈타인은 플랑크가 주장한 광양자설을 적용하여 빛은 불연속적인 에너지를 가지는 양자화 상태에 있다고 설명하였다. 우선 빨간빛은 에너지가 작은 입자들이, 파란빛은 에너지가 큰 입자들이 모인 것이라고 가정하였다. 빨간빛은 각각의 빛 입자들의 에너지가 작으므로 아무리 많은 양의 빛 입자들을 쪼여주더라도 전자가 결합을 끊고 나가지 못하는 반면, 파란빛은 전체 빛의 세기가 약하더라도 각각의 빛 입자들의 에너지는 커서 전자가 빠져나갈 수 있게 된 것이라고 설명하였다. 다시 말하면 빛의 입자인 광자는 그 에너지 값이 어떤 값 이상이 되었을 때만 전자가 나오게 한다는 것이었다. 이때 주파수가 ν인 빛 입자의 에너지는 $E = h\nu$로 주어진다고 가정하였다. h는 앞에서 소개한 플랑크 상수이다.

빛의 파동적 성질로는 도저히 설명이 안 되는 광전효과를 아인슈타인이 빛을 입자로 가정한 광양자 이론으로 설명하자 과학자들은 이를 반박하려고 많은 실험을 했지만 실패했다. 1910년에 미국의 물리학자인 밀리컨Robert Andrews Millikan, 1868-1953은 대전된 미세한 기름방울을 두 전극 사이에 넣은 후 전기력과 중력을 대입하여 전자가 가지고 있는 전기의 양인 전하를 측정하는 '기름방울 실험'을 수행하였다. 결과는 놀랍게도 각 기름방울의 전하량은 정확히 어떤 기본값 $1.592 \times$

10^{-19} 쿨롱(전하의 단위 C)^{coulomb}의 정수배가 되었다. 이 기본값이 바로 전자 한 개가 가지는 전하량이었다. 그는 불연속적으로 존재하는 전자의 전하값을 통해 빛을 에너지 알갱이인 광자로 설명한 아인슈타인의 주장을 인정할 수밖에 없었다. 아인슈타인은 광전효과를 발견한 공로로 1921년에 노벨 물리학상을 받았고, 밀리컨은 1923년에 노벨 물리학상을 받았다.

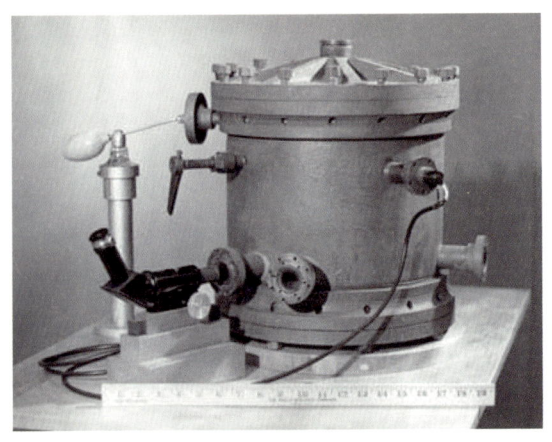

전자의 전하를 측정하기 위하여 밀리컨이 사용한 기름방울 실험장치[9]

5. 빛은 양자다

모든 생명체를 살 수 있게 하는 햇빛은 우리가 살고 있는 지구와 가장 가까운 태양에서 거의 무한대로 보내주고 있다. 수소가 헬륨으로 바뀌는 핵융합반응으로 생긴 엄청난 에너지 덩어리인 빛을 우리는 거저 받는 것이다. 모든 물체는 열을 받으면 빛을 내는데 과학자들은 이 현상을 궁금해했다. 온도가 달라지면 빛의 색도 변한다는 것은 우리는 경험으로 알 수 있다.

• 흑체복사

태양빛은 하나의 파장이 아닌 여러 가지 다른 파장의 빛이 섞인 것이며, 빛은 파동인 전자기파이면서도 입자의 성질을 가진다는 것은 1920년대의 과학계에서 인정받는 사실이 되었다. 그런데 그 당시에도 물리학계에는 해결하지 못한 문제가 남아 있었다. 물질은 온도가 올라감에 따라 방출하는 빛의 색은 빛의 진동수 또는 파장에 따라 달라진다. 그런데 파장이 짧아져도 빛의 세기는 증가하지 않고 특정한 파장 영역에서 빛의 세기가 최대인 분포를 가짐을 발견하게 된 것이었다.

이에 대한 원인을 정확하게 규명하기 위해 과학자들은 새로운 실험을 고안하게 되었다. 빛은 진공상태인 우주를 매질 없이도 잘 이동하므로 진공상태의 구를 만들어 이를 가열한 뒤 나오는 빛을 측정해보는 것이다. 빛을 방출해내는 금속으로 된 구球인 흑체black body에서 나오는 빛인 흑체복사black body radiation를 측정한 것이었다. 진동수에 따른 빛의 세기를 측정한 결과, 예상과는 달리 진동수가 아주 작거나 큰 경우의 빛은 그 세기가 작고 중간 범위에서는 볼록한 모양의 유한한 값을 가진 곡선을 나타내었다.

흑체에서 복사되어 나온 빛 에너지의 세기를 진동수에 따라 측정한 실험 결과를 놓고 물리학자들은 서로 다른 해석을 하게 되었다. 영국의 물리학자인 레일리Lord Rayleigh, John William Strutt, 1842-1919와 진스

Sir James Hopwood Jeans, 1877-1946는 복사에너지의 크기는 진동수의 제곱에 비례한다는 공식을 제시하였는데, 진동수가 작은 곳에서는 잘 맞았으나 큰 곳에서는 무한대로 커져서 맞지 않았다. 이를 '자외선 파탄ultraviolet catastrophe'이라고 부르는데, 이후 독일의 물리학자인 빈Wilhelm Carl Werner Otto Fritz Franz Wien, 1864-1928은 독자적으로 실험하여 얻은 공식으로 자외선 파탄 없이 진동수가 큰 곳에서도 실험 결과와 일치하는 결과를 얻었다. 그러나 빈의 공식도 오히려 진동수가 작은 빛에서는 잘 맞지 않았다.

플랑크는 이러한 복사에너지의 딜레마를 해결하기 위해 6여 년의 연구 끝에 레일리-진스Rayleigh-Jeans와 빈이 만든 두 공식을 결합하여 실험 결과와 일치하는 공식을 만들어 1900년에 발표하였다. 그 공식은 수학적으로는 빈의 흑체복사 공식의 분모에 단지 -1을 추가한 형태였다. 이후 실험에서 얻은 결과와 플랑크가 제안한 공식이 일치한다는 다른 과학자들의 검증에 고무되어 플랑크는 수학적인 제안을 넘어 이론화 작업을 하게 된다. 플랑크는 1900년 12월 14일에 놀라운 흑체복사 이론을 발표했고, 과학계는 이날을 양자물리학의 탄생일로 기록한다.

흑체복사 이론의 핵심이 무엇이기에 플랑크가 발표한 양자가설quantum hypothesis이 그토록 과학계를 놀라게 한 것인지 알아보자. 플랑크는 흑체로부터 방출되는 빛은 에너지가 극히 작은 알갱이인 '양자quantum'의 형태로 방출되며, 특정 진동수의 빛이 가지는 에너지는 진동수(ν)에 상수(h)를 곱한 값인 $E = h\nu$로 나타난다고 가정하였다. 그리고 더욱 중요한 것은 빛의 에너지는 이 $h\nu$의 정수배만을 가질 수 있다고 가정하였다. 에너지의 최소의 양이라는 의미의 '양자'라는 용어가 이때 역사상으로 처음 등장했다.

우리가 플랑크 상수라고 부르는 h는, 레일리-진스와 빈의 공식에 공통으로 나타나는 볼츠만 상수Boltzmann constant k_B와 빈의 공식에 있는 상수인 베타(β)의 곱, 즉 $h = k_B \beta$이다. 플랑크 상수는 일정 시간 동안 가해지는 에너지이며 6.626×10^{-34}J·sec라는 아주 작은 값을 가지는데, 이는 에너지의 최소 단위인 양자가 엄청나게 작은 양임을 의미한다. 우리가 실생활에서 에너지가 양자로 이루어져 있다는 사실을 감지하기 어려운 것은 바로 이 작은 값 때문이다. (예를 들어, 파장이 600nm 정도의 녹색광의 주파수는 $\nu_G \approx 5 \times 10^{15}$Hz이므로 꽤 큰 수로 보이지만, 이 녹색광 광자 하나의 에너지는 $E_G = h\nu_G \approx 3.3 \times 10^{-19}$J 로서, 그야말로 작은 양이다. Hz = 1/sec로서 주파수의 단위이다.)

빛의 에너지가 진동수의 크기에 비례한다는 것은 그 당시 19세기의 열역학 이론과는 배치되는 내용이었기에 혁명적인 발상이었다고 볼 수 있다. 열역학 이론의 에너지 등분배 정리equipartition theorem에 의하면 모든 진동수의 전자기파는 주어진 온도 T에서 동일한 에너지 $(1/2)k_B T$만큼씩 나눠 가진다. 그렇다면 흑체 내부에서 발생하는 전자기파의 수는 무한대이므로 방출되는 에너지의 총량이 이 등분배 정리에 의하면 무한대가 되는 것이었다.

그동안 설명할 수 없었던 이 무한대의 에너지 이론은 플랑크의 가설로 정리된다. 전자기파의 진동수가 커질수록 그 전자기파가 갖는 최소의 에너지(양자)가 커지는 대신, 특정 진동수 당 전자기파의 수,

즉 스펙트럼 밀도spectral density가 제한되고, 이에 따라 방출되는 에너지 총량은 유한한 값을 가지게 된다는 것이 그 핵심이었다. 이러한 플랑크의 양자가설로 기존의 흑체복사 이론에서 튀어나온 무한대의 에너지 문제도 해결이 되었다.

결론적으로 플랑크의 양자가설은 연속적인 맥스웰의 전자기학과 불연속적인 운동을 가정한 볼츠만의 열역학 이론을 조화시킨 것이라고 볼 수 있다. 플랑크는 이 공로로 1918년 노벨 물리학상을 받았다. 그러나 양자가설의 성공과는 별도로 플랑크를 포함하여 누구도 왜 에너지가 불연속적인 값으로 존재하는지에 대한 이유를 설명하지 못했다.

• 양자역학의 탄생

이중 슬릿double slit을 통과한 빛이 파동처럼 간섭한다는 실험 결과와 뒤이은 뛰어난 과학자들의 후속 연구로 빛의 파동 이론은 정설로 받아들여졌다. 반면 마이컬슨과 몰리는 정교한 빛의 간섭 실험을 통해 빛의 정확한 속도를 측정했을 뿐만 아니라 우주에는 매질이 없다는 놀라운 결과를 얻을 수 있었다. 이 결과 또한 빛이 파동의 성질을 가지지 않을 수 있다는 것을 말하는 것이었다. 아인슈타인은 빛은 에너지를 가진 아주 작은 입자인 광자로 이루어져 있다는 가설을 내놓았고, 밀리컨의 기름방울 실험으로 검증되어 입자 이론도 정설로 받아들여졌다.

파동이 가질 수 있는 성질로는 파장, 진동수, 진폭 등이 있으며 입자가 가지는 성질로는 위치, 속도, 가속도, 운동량, 에너지 등이 있다. 프랑스의 물리학자 드브로이Louis de Broglie, 1892-1987는 아인슈타인의 광

양자 이론이 나온 지 20년 후 혜성같이 나타나 전혀 다른 이론을 내놓게 된다. 그는 빛이 파동과 입자의 성질을 모두 가진다는 그동안의 과학적 발견에 근거하여, 아인슈타인이 주창한 파동의 입자 이론에 대응하는 논리로 전자와 같은 입자도 파동처럼 될 수 있다는 물질파matter wave 개념을 도입하였다. 즉, 전자나 소립자 같은 아주 작은 입자에서부터 돌멩이나 야구공같이 큰 입자까지 물질이라면 그 크기에 관계없이 동시에 파동이기도 하다는 놀라운 가설을 제안한 것이었다. 이 가설은 질량과 에너지는 본질적으로 같은 것이라는 아인슈타인의 주장과 플랑크의 양자가설을 적용하여 질량을 가진 입자는 파동적 성질을 갖고 있다는 결론이었다.

드브로이는 파동과 입자의 서로 다른 성질 사이에 광자라는 매개를 통해 파동이 입자가 될 수 있음을 생각하였고, 이인슈타인의 광전효과의 식을 이용하여 광자의 파장과 운동량과의 관계식을 도출하였다. 빛의 에너지가 불연속적으로 이루어진 것은 파동의 정상파standing wave 조건에 맞아야 보강간섭constructive interference이 일어나기 때문이라고 설명하였다. 그리고 이 관계식을 전자에 적용하여 전자의 파장을 구한 뒤 다른 물질의 파장도 구했다.

드브로이가 예상한 입자의 성질을 가진 파동인 물질파는 1924년 미국의 데이비슨Clinton Joseph Davisson, 1881-1958과 저머Lester Halbert Germer, 1896-1971의 전자 회절 실험electron diffraction experiment으로 증명이 되었다. 그들은 얇은 니켈Ni, nickel 박막에 전자빔electron beam을 조사하여 회절되어 나온 전자의 에너지를 측정하였는데, 그 결과가 파동에 관한 이론인 브래그 방정식Bragg equation($n\lambda_{dB} = 2d\sin\theta$)에 잘 맞아 떨어졌다. (여기서 λ_{dB}는 전자의 물질파 파장이고, d는 결정구조의 원자 간의 거리, θ는 격자면과 전자빔 사이의 각도, $n = 0, 1, 2, \cdots$는 회절 차수이다.) 또한 니켈에 2개의 슬릿을 만들어 전자를 통과시켰는데 놀랍게도 파동에서 나타나는 간섭무늬가 뚜렷하게 형성되었다. 영국의 톰슨Sir George Paget Thomson, 1892-1975도 니켈 대신 얇은 금박에 전자빔을 쏘아 간섭무늬를 확인한 바 있었다.

1924년에 박사학위를 마친 드브로이는 1929년에 입자들도 동시에 파동의 성질은 가진다는 물질파 이론을 제안하고 양자역학의 수학적 기초를 다진 역할을 인정받아 노벨상을 받게 된다. 한편 전자 회절 실험으로 이 물질파 이론을 증명한 톰슨과 데이비슨은 함께 1937년에 노벨 물리학상을 받았는데, 톰슨의 아버지인 톰슨 경Sir Joseph John Thomson, 1856-1940도 일찍이 전자의 발견으로 1906년에 노벨상을 받은 바 있다.

드브로이의 이론은 물질파는 입자의 크기에 관계가 없고 모든 물질이 파동적 성질을 갖고 있다는 것이다. 물질파의 파장은 플랑크 상수를 그 물체가 가진 운동량으로 나눈 값이며, 따라서 파장은 플랑크 상수에 비례한다고 할 수 있다. 우리가 일반적으로 보는 큰 물질의 파장을 볼 수 없는 것은 아주 작은 값을 가진 플랑크 상수를 상대적으로 큰 운동량으로 나누면 파장이 관측될 수 없을 정도로 작기 때문이다. 1985년에 큰 물질의 파장을 측정한 바 있는데, 오스트리아의 실험물리학자인 자일링거Anton Zeilinger, 1945-현재 교수팀은 탄소 원자 60개가 결합된 축구공 모양의 커다란 분자인 풀러렌fullerene(일명 'buckyball') 을 이용해 간섭 실험에 성공하였다. 이로써 질량이 전자의 약 100만배나 큰 입자도 파동처럼 행동한다는 것이 입증되었다. 빛 알갱이인 광자와 에너지는 동일하며 광자는 파동성을 가질 뿐만 아니라 입자가 지니는 운동량을 가질 수 있다는 빛의 정체에 대한 결론은 과학계를 양자역학이란 새로운 물리학의 영역으로 몰입하게 하는 기폭제가 되었다.

한편 전자의 발견이라는 과학계의 큰 진전이 이루어지자 물리학자들 사이에 전자의 에너지 분포 및 궤도 운동에 대한 연구가 활발하게 일어나기 시작하였다. 그중 덴마크의 물리학자인 보어Niels Henrik David Bohr, 1885-1962가 제시한 연구 결과가 가장 새로운 이론으로 주목을 받는다. 원자 바깥을 돌고 있는 전자는 무작위로 운동하는 것이 아니라 각기 위치하는 궤도를 따라 선회한다고 하였고, 정해진 궤도를 벗어나 다른 궤도로 전자가 이동할 때 빛을 방출하거나 흡수한다는 획기적인 이론이었다. 그러나 보어의 양자 이론은 왜 전자가 특정 궤도들에만 있어야 하는지에 대한 이유를 설명하지 못했다.

드브로이는 원자핵 바깥을 도는 파동은 언제나 정지된 파장으로 있어야 하는데 이러려면 파장의 정수배인 정상상태stationary state로 존재해야 한다고 주장하였다. 전자의 궤도에 양자조건이 붙은 것은 전자가 파동이라는 데 기인한 것이었다. 드브로이는 이렇게 물질파 개념을 통해 보어의 양자조건의 근거를 훌륭하게 설명했다. 보어의 양자조건에 대한 원인이 구명되면서 양자 이론은 후에 슈뢰딩거Erwin Rudolf Josef Alexander Schrödinger, 1887-1961의 파동역학으로 정립되는 새로운 국면을 맞게 되었다.

6. 빛은 굴절, 반사, 분산한다

빛은 세상에서 가장 빠른 속도로 직진한다. 진공에서나 빛이 통과하는 매질 내에서 빛은 무조건 직진한다. 아인슈타인이 예측하고 이후에 증명된 빛이 중력 등에 의해 휜다는 사실도 실제로는 빛의 직진성은 변하지 않고 시공간만 휘어질 뿐이다. 그런데 빛이 다른 물질을 만나면 직진하는 성질은 바뀌지 않지만 그 속도는 줄어든다. 빛은 다른 물질과 만나는 경계면에서 직진하는 방향을 바꾸며 그 일부분은 다시 되돌려 보낸다.

• 굴절

물이 담긴 유리컵에 젓가락이나 막대기를 걸쳐놓고 옆에서 보면 일직선으로 보이지 않고 꺾여 보인다. 빛은 공기 중에서 진행할 때와 물속에서 진행할 때 그 속도가 다르고 물과 공기가 만나는 접촉면에서 그 방향을 바꾼다. 빛의 방향을 공기에서 물로 또는 물에서 공기로 바

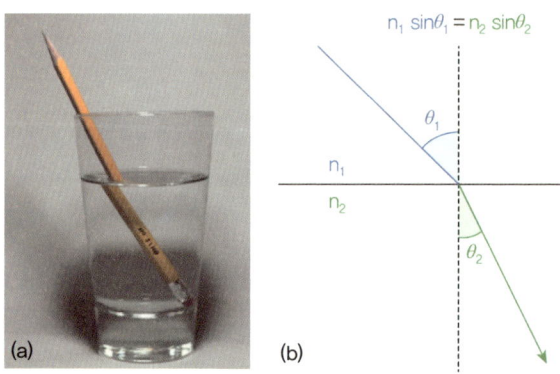

(a) 공기와 물의 경계면에서 빛의 진행 방향이 달라지는 빛의 굴절 현상. 연필은 물속에서 꺾여 보이는데 위에서 아래로 내려다보면 수면에 더 가깝게 보인다. (b) 스넬의 법칙[10]

꾸어도 그 경로는 똑같다. 단, 내부전반사의 경우는 예외가 되는데, 이 문제는 뒤의 빛의 반사에 관한 논의에서 다룰 것이다. 빛이 물이나 유리와 같은 매질을 통과하면 그 속도가 줄어드는데, 물질을 이루고 있는 전자가 전자기파인 빛을 만나 전기장의 방향으로 재배열되는 분극polarization 현상이 일어나기 때문이다.

이렇게 빛의 속도가 달라져 계면에서 방향이 꺾이는 굴절refraction 현상은 매질의 굴절률refractive index(n)이 변할 때 발생한다. 물질의 굴절률은 진공에서의 빛의 속도를 물질 속에서의 빛의 속도로 나눈 것으로 정의하는데, 기준이 되는 진공에서의 굴절률은 $n = 1$이 된다. 빛이 매질을 통과하면 속도가 느려지므로 대개 1보다 큰 값을 가지게 된다. 공기는 1.0003, 물은 1.333, 유리는 1.5~1.7 정도의 굴절률을 가지고 있다. 따라서 빛은 공기에서보다 물을 지날 때 그 속도가 느려지고, 유리를 통과하면 더욱 느려진다.

빛은 굴절률이 다른 매질로 진행하려면 반드시 그 계면에서 진행하는 방향을 바꿔야만 한다. 속도가 느려지는 만큼 빛의 경로가 짧아져야 하기 때문이다. 굴절률이 작은 매질 1에서 큰 매질 2로 빛이 입사하는 경우를 생각해보자. 각 매질의 굴절률을 각각 n_1과 n_2라고 하면 $n_1 \leq n_2$이다. 두 매질의 경계면이 수평으로 놓여 있고, 빛이 경계면의 수직 방향으로부터 θ_1의 각도로 입사하면 빛이 굴절되어 들어가는 각도 θ_2는 입사각 θ_1보다 작아진다. 네덜란드의 천문학자이자 수학자인 스넬Willebrord Snell, 1580-1626은 이 관계를 보다 정확하게 조사하여 $n_1 \sin\theta_1 = n_2 \sin\theta_2$라는 간단한 수식으로 나타내었고, 이를 발견자의 이름을 따서 '스넬의 법칙Snell's law'이라고 한다. 결론적으로 굴절각은 각각의 굴절률이 아닌 굴절률의 상대적 비인 n_1/n_2의 값에 의하여 결정된다.

  빛은 매질이 공기, 물, 유리처럼 뚜렷하게 구분되지 않는 경우에도 굴절은 일어난다. 빛의 속도가 달라질 수 있는 조건이라면 반드시 굴절이 일어난다. 이런 굴절 현상은 공기층 내부에서도 일어나는데 공기의 밀도 차이가 나는 경우이다. 여름철 도로가 햇볕을 받아 뜨거워지면 그 주위의 공기 분자들의 움직임이 활발해져 뜨거워진다. 이 뜨거워진 공기는 그 위의 차가운 공기에 비해 밀도가 낮아지는데, 밀도가 낮아지면 굴절률도 낮아져 빛은 뜨겁고 차가운 두 공기층의 계면에서 굴절하게 된다. 물론 공기의 온도가 점진적으로 변해 이 계면은 뚜렷하지 않다. 이때 밀도의 변화가 일어난 공기층은 렌즈의 역할을 하여 도로 위에 있는 물체는 뒤집혀 보인다.

  이와는 반대로 추운 지방의 호수나 바닷가에서는 차가운 물에 의하여 수면 바로 위의 공기가 그 위의 공기층보다 온도가 낮아져 밀도가 커지고 따라서 굴절률도 커진다. 이 굴절률의 차이로 빛은 굴절하면서 수면 위의 배가 공중에 떠 있는 것처럼 보인다. 이러한 현상은 모두 빛의 굴절 현상 때문에 일어나는데 이때 빛의 방향도 중요한 변수이다. 빛이 굴절률이 큰 찬 공기에서 굴절률이 작은 더운 공기 쪽으로 진행하면 두 공기의 경계면에 가까운 쪽으로 굴절이 일어난다. 그 반대로 굴절률이 작은 더운 공기에서 굴절률이 큰 찬 공기 쪽으로 빛이 진행하면 경계면에서 먼 쪽으로 굴절이 일어난다.

  물체가 뒤집혀 보인다든지 멀리 있는 물체가 거짓으로 나타나는 신신기루mirage 현상은 이러한 빛의 굴절 때문에 일어난다. 여름철 무더운 날 자동차를 운전해보면 시야 앞의 마른 길 위에 물이 고여 있는 것처럼 보이다가 그곳까지 가면 물은 안 보이고 또 멀리 앞쪽에 다시 물이 보이는 것을 경험한다. 따뜻한 봄날 길이나 들판 위에서 어른거리는 아지랑이나 겨울철 난로 곁에서 어른거리는 빛도 모두 빛의 굴절로 일어나는 현상이다.

 우리 눈으로 보는 태양과 밤의 별도 실제 위치와 방향은 보는 것과는 다르다. 이것도 빛의 굴절 때문에 일어나는 현상인데, 빛이 통과하는 대기권 내부와 태양과 별이 있는 대기권 밖은 굴절률이 서로 달라 실제보다 약 0.5° 정도의 각도로 위쪽으로 꺾여 보인다. 하늘에 떠 있는 별이 깜박이며 반짝이는 것도 지구의 대기층을 통과하는 빛이 여러 차례 굴절하기 때문이다. 대기의 온도 차이로 공기는 계속 움직이고 이에 따라 공기 밀도가 일정하지 않아 굴절률은 계속 변하게 되는 것이다. 특히 겨울에 별빛이 더 많이 반짝이는 것은 대기의 온도 차이가 심하기 때문이며, 지평선 방향의 대기층이 더 두꺼워 하늘 높은 곳에 있는 별보다 지평선에 가까이 있는 별들이 더 반짝인다.

• 반사와 내부전반사

 굴절률이 다른 물질에 빛이 입사되면 물질 속으로 빛의 방향이 굴절되어 들어가는 현상 외에 일정한 양의 빛이 물질의 표면에서 반사reflection되는 일이 언제나 함께 일어난다. 이때 반사되는 빛의 각도인 반사각angle of reflection은 거울에서의 반사와 같이 항상 입사각angle of incidence과 같다. 만약 빛을 계면에 수직 방향으로 보내면 빛의 방향이 꺾이는 굴절 현상은 없고 수직 방향 그대로 투과하는 빛과 계면에서 약하게 반사하여 되돌아오는 빛만 있다.

전자기파인 빛이 가지고 있는 전기장과 자기장이 매질에서 영향을 받아 입사된 빛의 일부분이 방출되는 것이 반사 현상이다. 이런 반사 현상도 두 물질의 굴절률 차이에 따라 달라지는데, 반사되는 빛의 입사하는 빛에 대한 상대적인 비율인 반사율reflectivity로 표시한다. 예를 들어, 굴절률이 1.5인 유리로 빛이 공기 중에서 수직으로 입사하여 입사각이 0°인 경우를 보면, 약 96%가 유리로 투과하여 들어가고 나머지 4%는 반사되어 튀어나온다. 물의 경우에는 이 수직 반사율이 약 2%가 된다.

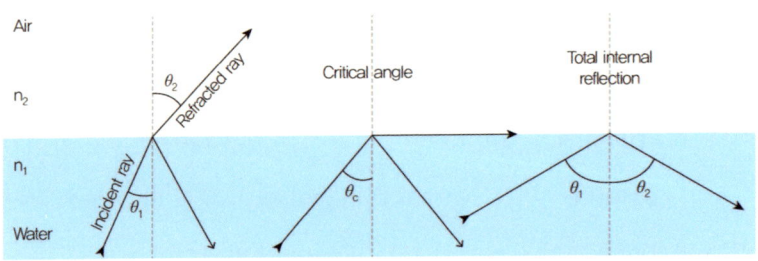

굴절률이 큰 물(n_1)에서 작은 공기(n_2)로 빛을 입사할 때 입사각(θ_1)이 임계각(θ_c)보다 크면 빛은 전반사되어 공기로 나가지 못하고 물속으로 되돌아온다.[11]

앞에서 설명한 것처럼 빛이 굴절률이 낮은 공기에서 굴절률이 높은 물이나 유리에 입사되면 빛의 일부분이 그 계면에서 반사한다. 이와 반대로 빛이 굴절률이 큰 매질에서 작은 매질의 방향으로 진행할 때도 항상 입사각에 대칭으로 빛의 일부분이 반사한다. 그런데 후자의 경우에는 반사되는 빛이 아닌 굴절하는 빛에 변화가 생길 수가 있다.

굴절률이 큰 매질에서 작은 매질로 빛이 입사하면 굴절각은 입사각보다 커진다. 입사각을 계속 크게 해 '임계각critical angle(θ_c)'이라고 하는 특정 각도가 되면 굴절각은 90°가 되어 빛은 정확히 경계면 방향으로 나아가게 된다. 만약 입사각이 임계각보다 더 커지면 빛은 더 이상 굴절률이 작은 매질로 나아가지 못하고 경계면에서 반사되어 내부로 되돌아온다. 이렇게 계면을 뛰어넘지 못하고 모든 빛이 반사되어 되돌아오는 현상을 '내부전반사total internal reflection'라고 한다.

굴절률이 큰 매질 1에서 굴절률이 작은 매질 2로 빛이 입사할 때, 굴절률을 각각 n_1과 n_2라고 하면 스넬의 법칙으로부터 $n_1\sin\theta_1 = n_2\sin\theta_2$이다. 입사각 θ_1이 임계각 θ_c가 되면 굴절각이 $\theta_2 = 90°$가 되므로 임계각은 $\theta_c = \arcsin(n_2/n_1)$이 된다. 굴절률이 1.333인 물에서 공기로 빛이 입사하는 경우 계산해보면 임계각은 약 48.6°임을 알 수 있다. 물론 굴절률이 작은 매질에서 큰 매질 방향으로 빛을 입사시키면 전반사는 일어나지 않는다. 빛의 입사각이 임계각보다 큰 조건을 만족시키면 굴절률이 큰 매질 속에 빛을 가두어 진행시킬 수가 있다. 광섬유optical fiber가 바로 내부전반사 현상을 이용한 대표적인 예이며, 굴절률이 큰 재질의 유리인 코어core 부분을 굴절률이 낮은 재질의 유리인 클래딩cladding이 감싸고 있어서 빛은 코어 부분을 따라 지나간다. 이러한 광섬유를 이용해 빛으로 직접 정보를 주고받는 현대의 광통신optical communication 기술이 탄생하게 되었다.

물속에서 수영할 때 수면 아래에서 위쪽을 보면 물 표면이 거울처럼 보이는데 이것도 빛의 전반사 때문이다. 수중에서 바깥을 향해 영상 촬영을 하면 이 전반사 현상은 더욱 뚜렷하게 나타난다. 원형의 창 모양으로 물 밖의 하늘은 밝게 보이는 데 반해 그 주위는 어둡게 보인다. 물과 공기의 계면에서의 임계각이 약 48°인데, 따라서 물속에서 위를 쳐다보면 모든 빛이 임계각의 2배가 되는 96°인 시야각 안으로 들어와서 눈에 보인다. 결과적으로 수면 위의 모든 풍경이 시야각 96°의 원형으로 보이게 되는 것이다. 반면 이 시야각 96°를 벗어난 바깥 방향으로는 수면 아래의 모습이 내부전반사를 일으켜 어둡게 보인다. 수중에 사는 물고기는 이런 원형의 창으로 180°로 펼쳐진 밖의 풍경을 96°의 각도로 본다고 할 수 있다.

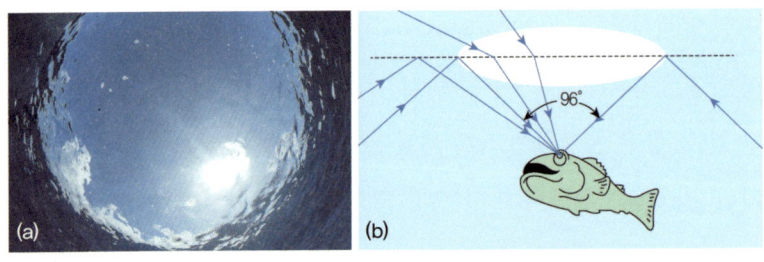

(a) 물속에서 위를 보고 찍은 사진. '스넬의 창'이라고 부르는 중앙의 원형 부분은 수면 위의 모든 방향으로부터 빛이 굴절되어 들어와 밝게 보이지만, 그 바깥은 내부전반사로 물속의 풍경이 비쳐 보이므로 어둡다. (b) 물고기의 시야각은 96°이다.[12]

• 분산

빛이 굴절하고 반사하는 성질도 빛의 파장이 다르면 달라진다. 같은 물질이라도 빛의 파장에 따라서 굴절률이 다르기 때문이다. 빛의 파장이 짧을수록 가시광선 영역에서의 굴절률은 커진다. 파란색의 빛은 많이 굴절되고 상대적으로 파장이 긴 빨간색의 빛은 적게 굴절된다. 이런 현상을 빛의 분산dispersion이라고 한다. 유리로 만든 렌즈를 이용하여 만든 초기의 망원경이나 현미경에서 발생했던 색수차chromatic aberration가 파장에 따른 빛의 굴절률이 달라 생긴 대표적 예다. 색수차가 발생하면 초점이 맞지 않아 상이 흐려지고 사물의 윤곽 부분에는 무지갯빛이 비친다. 굴절률이 다른 유리로 만든 렌즈를 여러 개 결합하여 색수차는 없앨 수 있다.

여름철 소나기가 내린 뒤에 햇빛이 나면 일곱 색깔의 무지개가 하늘 위로 떠오른다. 햇빛을 등지고 입에 물을 머금고 뿜어도 이 무지개는 생긴다. 빛의 색이 나눠지는 분산은 무지개를 통해 오래전부터 알려진 현상이다. 13세기 때 철학자 베이컨Francis Bacon, 1561-1626과 17세기 초의 철학자이자 과학자였던 데카르트는 무지개가 생기는 원인이 물방울에 입사된 빛이 파장에 따라 굴절하는 각도가 달라 생긴다고 주장하였다. 이러한 빛의 분산 현상은 프리즘을 통해서 비춰진 한 점의 빛이 여러 가지 색의 띠처럼 확산되어 퍼져 나오는 실험을 통해 과학적인 방법으로 규명되었다. 뉴턴은 1672년에 유리 프리즘을 이용하여 태양 빛이 여러 색, 즉 다른 파장을 가진 빛의 혼합체라는 것을 발견하였고, 무지개의 비밀 또한 빛의 분산의 결과라는 것을 밝혔다. 흰색의 태양 빛이 파장에 따라 분산되는 것과 같이 분산된 여러 빛을 다시 합치면 흰색이 된다는 것도 밝혀냈다.

무지개는 비가 내린 뒤 하늘에 떠 있는 미세한 물방울과 빛의 굴절이 만들어내는 작품이다. 작은 물방울에 햇빛이 입사되면 파장에 따라 굴절되는 각도가 달라지는데, 파장이 긴 빨간색은 조금 꺾이고 보라색은 많이 꺾인다. 굴절되어 진행 각도가 달라진 빛은 물방울 내부

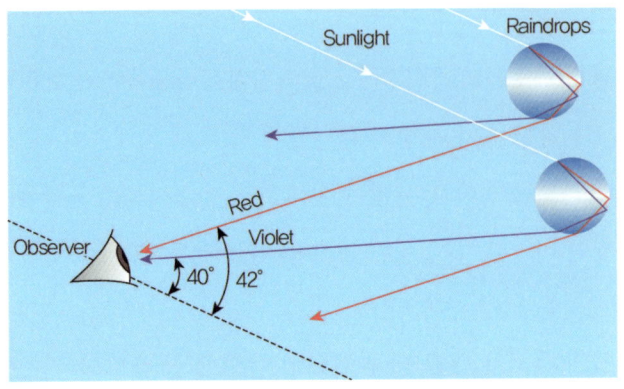

물방울을 통과하는 빛의 파장에 따른 굴절률 차이로 생기는 무지개의 원리[13]

를 지나고 물방울과 공기의 계면에서 빛은 굴절되어 공기 밖으로 나온다. 이때 굴절 각도가 빛의 파장에 따라 달라져 물방울을 되돌아 나온 빛은 여러 빛깔의 색을 가진 무지개가 된다.

그런데 무지개는 항상 빨간색이 위쪽에 보라색은 아래쪽에 나타난다. 물방울 내부에서 전반사된 후 다시 굴절되어 공기 중으로 나온 빛 중에서 빨간색 빛은 원래 입사하여 들어온 빛과 약 42°의 각을 이루고, 보라색 빛은 약 40°의 각을 이룬다. 이때 굴절각도는 파장에 따른 공기와 물의 굴절률 차이로 정해진다. 원래 무지개는 물방울에 반사되는 빛의 대칭성으로 동그란 고리 형태로 형성되나 우리가 하늘에서 보는 것은 무지개의 반쪽뿐이다. 만약 하늘 높은 곳에서 내려다보면 원형의 무지개를 볼 수 있을 것이다.

같은 이치로 햇빛이 없는 밤에도 우린 무지개를 볼 수 있다. 직접적인 태양 빛을 볼 수는 없지만 태양이 비춘 달빛은 볼 수 있으므로 조건이 맞으면 밤에도 무지개가 나타난다. 밤에 생기는 무지개를 달무리라고 하며 달 주위에 동그랗게 빛의 띠로 나타나는데, 대기 중에 떠 있는 먼지나 얼음알갱이에 의해 달빛이 굴절·반사·분산되기 때문에 생기는 현상이다. 그래서 달무리는 구름 한 점 없이 맑은 날보다는 얼음 알갱이가 하늘에 엷게 퍼진 구름이 낀 날에 나타난다. 물론 달빛은 보름달처럼 아주 밝아야 하고 얼음 알갱이나 물방울 또한 커야 한다는 조건이 맞을 경우이다. 초승달이나 반달이 떴을 때는 달빛의 세기가 약해서 달무리가 생기기 어렵다.

7. 빛은 간섭, 회절, 산란한다

• 간섭

빛은 굴절하고 반사를 하며 파장에 따라 그 정도가 달라지는 분산도 한다. 이와 함께 빛은 다른 빛을 만나면 서로 간섭interference을 하고, 다른 장애물을 만나면 돌아가는 회절diffraction을 한다. 간섭이란 둘 이상의 파동wave이 만날 때 중첩의 원리principle of superposition에 의해 파동의 진폭이 커지거나 작아지는 현상이다. 파동은 시간과 공간으로 주어지는 한 점에서 그 진폭이 주기적으로 변하면서 공간상으로 전파된다. 빛은 전자기파로서 파동의 성질을 가지고 있으며, 간섭 현상은 빛이 파동이라는 것을 증명하는 하나의 물리 현상이다.

빛 외의 파동에는 음파, 물결파 그리고 지진파 등이 있으며 각각 공기, 물, 지각의 분자들을 매질로 삼아 진동하면서 멀리 전파된다. 파동은 진동 방향으로 진폭, 진행 방향으로는 한 주기가 되는 파장으로 표현한다. 파의 진동 방향과 진행 방향이 같은 음파나 지진파의 P파는 종파longitudinal wave라고 하고, 진동과 진행 방향이 서로 수직인 지진파의 S파는 횡파transverse wave라고 한다. 빛은 진동과 진행 방향이 수직이므로 전형적인 횡파이다. 반면 수면파라고도 하는 물결파는 파동의 진행에 따라 타원운동을 하며 종파와 횡파의 특성을 함께 가진 파동이다.

빛의 간섭은 빛이 파동이라는 것을 보여주는 전형적인 현상이다. 두 빛이 만날 때 파장과 진폭이 동일하다면 마루 또는 골이 일치하는 점의 진폭은 각 파동의 두 배가 되는 보강간섭이 일어난다. 이에 반해 위상이 달라 마루와 골이 엇갈려 진폭이 0이 되는 경우에는 상쇄간섭destructive interference이 일어난다.

빛이 간섭한다는 성질도 1675년 영국의 과학자 뉴턴에 의해 처음 발견되었는데, 편편한 유리판 위에 한쪽 면이 편편한 볼록렌즈를 놓고 위쪽에서 빛을 비추면 접촉점을 중심으로 동심원의 줄무늬가 생긴다. 이것이 '뉴턴의 원무늬Newton's ring'라고 부르는 것인데, 볼록렌즈 면에서 반사된 빛과 유리판에서 반사된 빛이 서로 만나 간섭을 일으키기 때문에 생기는 무늬다. 만약 볼록렌즈가 구면보다 찌그러져 있으면 간섭무늬인 동심원도 찌그러져 보이는데, 이 현상을 이용하여 물체의 편편한 정도를 측정한다. 빛이 파동이라는 것이 재확인된 것은 100년도 지난 1801년 영국의 물리학자 영에 의해서였다. 영은 두 개의 좁은 틈인 이중 슬릿에 빛을 보내 간섭무늬를 얻었고 이 결과를 통해 빛의 파장을 구할 수가 있었다. 이후 프레넬과 프라운호퍼Joseph Ritter von Fraunhofer, 1787-1826 등에 의해서도 간섭과 회절 현상이 관찰되어

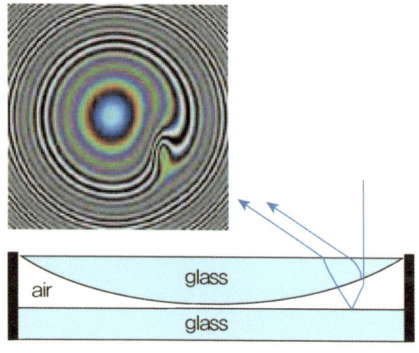

빛의 간섭으로 발생한 뉴턴의 원무늬[14]

빛이 파동이라는 학설은 더욱 확고해졌다.

두 개의 빛이 합성되어 생기는 간섭도 파동의 특성에 따라 여러 가지로 나눌 수 있으며, 최근에는 마이컬슨 간섭계Michelson interferometer와 마흐-젠더 간섭계Mach-Zehnder interferometer 등을 이용해 빛의 파장, 거리의 측정, 물질의 광학적 특성 등을 측정하는 데 활용하고 있다. 또한 반사율이 높은 거울을 서로 마주 보게 붙여놓고 평행한 빛을 입사시켜 빛의 다중반사에 의해 일어나는 패브리-페로 간섭계Fabry-Pérot interferometer를 이용해 분해능이 높은 분광기와 레이저의 공진기 등에 응용되어 사용되고 있다.

한편 간섭은 음파와 전파 등 파동이 가지고 있는 일반적인 현상이지만 빛의 간섭은 이러한 파동에 비해 차이점이 있다. 빛은 원자나 분자가 그 에너지 준위 사이의 전이transition에 의해 발생하는 확률이 포함되는 양자역학적인 현상이기 때문에 빛의 발생을 마음대로 조절하는 것은 어렵다. 빛은 비록 동일한 물질에서 동일한 진동수의 빛을 발생시켜도 빛을 내는 시간은 10^{-9}초 이내의 극히 짧은 순간이어서 위상

이 같고 단일 파장을 가지는 가간섭성coherence을 가진 빛을 만드는 것
은 어렵다. 이후 레이저의 발명으로 파장과 위상이 조절되는 빛도 이
제는 쉽게 만들어낸다.

• 회절

회절diffraction은 파동이 진행하는 경로에 장애물이 있어도 이를 우
회하여 나아가는 현상으로 설명하지만, 여러 파동들이 만나서 이루는
간섭 현상의 일종이다. 굳이 구별하자면 파동의 위상차가 불연속으로
되어 있을 때는 간섭이 일어난다고 하고 위상차가 연속적으로 변하는
경우에는 회절이 일어난다고 말한다. 비록 간섭과 회절이 같은 물리
적인 현상이기는 하지만 그 결과로 생기는 무늬는 뚜렷한 차이가 있
다. 간섭으로 생기는 무늬는 넓은 범위에 걸쳐 그 강약의 정도가 별로
변하지 않는 반면, 회절은 그 무늬가 주변부로 갈수록 점차 어두워진다.

빛의 간섭과 회절로 생기는 무늬는 비눗방울이나 물 위에 떠 있는
기름 막 그리고 음악과 영상 등 정보의 저장매체인 CDCompact Disc나
DVDDigital Versatile Disc 등에서도 볼 수 있다. 여러 파장이 섞여 있는
햇빛이 비누나 기름의 얇은 막에 비치면 그 표면에서 반사가 일어나
고, 일부 빛은 투과해 들어가 공기나 물이 닿은 안쪽의 계면에서 반사
가 일어나 되돌아 나온다. 표면에서 반사되는 빛과 내부의 계면에서
반사된 빛은 서로 만나 간섭을 일으킨다. 이때 얇은 막의 두께가 조금
씩 달라 간섭되는 빛의 파장도 달라져 무지개 색으로 비치는 것이다.

CD나 DVD의 경우, 정보를 새긴 뒷면을 확대해보면 아주 조그만
홈이 파인 자국들이 있는데 음성이나 영상신호를 디지털 신호로 읽기

위해 새겨 넣은 자국이다. 뒷면을 기울여보면 이 작은 홈의 모서리에서 빛이 회절되면서 서로 간섭 현상이 일어나 무지갯빛이 비친다. 작은 홈 사이의 간격이 약 500nm이어서 육안으로는 홈들을 직접 볼 수 없지만 가시광선 영역의 빛의 위상차에 따른 회절과 간섭이 일어나 무지개 색으로 보이는 것이다.

이러한 빛의 간섭 현상은 우리가 먹는 음식에서도 발견된다. 얇게 썬 족발이나 수육 그리고 생선회의 표면에서도 무지개 색이 비치는 경우가 있다. 연푸른 무지갯빛은 고기가 상해서 생긴 것이 아니라 빛의 간섭 때문에 일어난 현상이다. 우리가 먹는 고기는 단백질의 가닥이 모인 근원섬유myofibril로 이루어진 근육인데, 이런 근육을 썰면 근섬유 다발이 끊어지고 그 단면은 매끄럽지 않고 결이 형성된다. 이 결이 형성된 근육의 표면이 회절격자 역할을 하여 빛은 회절하면서 색의 분산이 일어나 무지개 색으로 비치는 것이다. 또한 근육에 투과해 들어가 근섬유 가닥 층에서 반사해 나오는 빛들은 서로 만나 간섭이 일어난다. 수육과 생선회의 살코기에서 비치는 이런 무지갯빛은 고기의

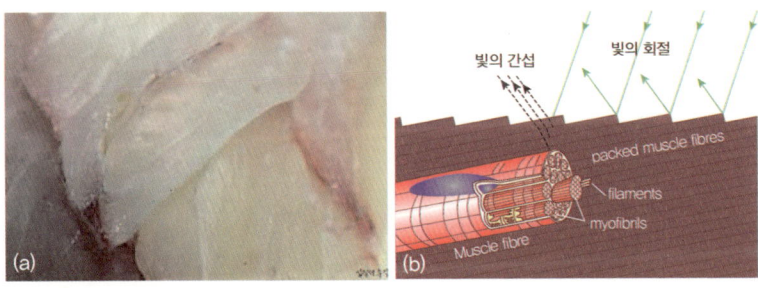

(a) 생선회 표면에 비치는 무지갯빛은 빛의 회절과 간섭에 의해 나타난 것으로 위생과는 관계가 없다.
(b) 결이 형성된 근섬유 다발 표면에 빛은 회절하여 무지개 색으로 비치고, 근육층으로 들어간 빛은 근섬유 가닥 층에서 반사해 간섭이 일어난다.[15]

종류와는 관계없이 관찰되며 위생과는 관계가 없다.

넓은 강당이나 공연장에 설치된 세로로 길게 생긴 스피커는 파동의 회절 현상을 잘 이용한 예다. 소리가 좌우로 잘 퍼지도록 스피커의 폭을 작게 만들어 폭 방향으로의 회절이 잘 일어나도록 하고, 반면 높이는 길게 만들어 높이 방향으로의 회절은 잘 일어나지 않게 한다. 그러나 파장이 긴 음파는 회절이 잘 일어나는 데 비해 우리가 보는 가시광선 빛은 파장이 수백 nm로 짧아서 회절이 잘 일어나지 않는다.

짧은 파장에서 회절이 잘 일어나지 않는 빛의 특성을 거꾸로 이용하면 또렷한 상을 볼 수 있는 장점이 있다. 파장이 짧을수록 파동성이 줄고 따라서 회절도 줄어 현미경의 해상도인 분해능resolution을 증가시킬 수 있다. 400nm 정도의 파장인 빛으로 물체를 관측하면 분해능의 한계로 약 0.2μm 크기 이하의 물체는 볼 수 없다. 이러한 회절한계 diffraction limit는 독일의 광학자인 아베Ernst Karl Abbe, 1840-1905가 1873년에 처음 발견하였고, 분해 가능한 길이는 파장에 비례하고 물질의 굴절률에 반비례한다. 따라서 분해능을 높여 작은 물체까지 잘 보려면 빛의 파장은 짧을수록, 매질의 굴절률은 클수록 좋다.

• 빛의 산란

뭉게구름이 떠 있는 맑은 하늘을 보면 하늘은 파랗고 구름은 햇빛에 반사되어 흰색을 띤다. 색 없이 투명한 공기만 있는 하늘인데도 낮에는 파란색을 띠는데 해 질 무렵에는 노란색, 주황색으로 변하다가 붉은 노을로 바뀐다. 같은 하늘인데도 시간이 바뀌면서 그 색이 달라지는 것이다. 시간이 지남에 따라 태양의 위치가 바뀌는 것을 보아 하늘의 색이 바뀌는 것은 우리가 보는 태양의 위치와 관련이 있음을 짐작할 수 있다.

맑고 투명하게 보이는 하늘은 진공상태가 아닌 공기로 차 있고, 이 공기는 산소나 질소와 같은 공기 분자와 물방울 입자로 이루어져 있다. 태양빛이 대기 속에 있는 이런 공기 분자들과 입자들을 만나 부딪치면 산란scattering을 일으킨다. 빛의 산란은 빛의 파장과 산란을 일으키는 입자의 크기에 따라 달라진다.

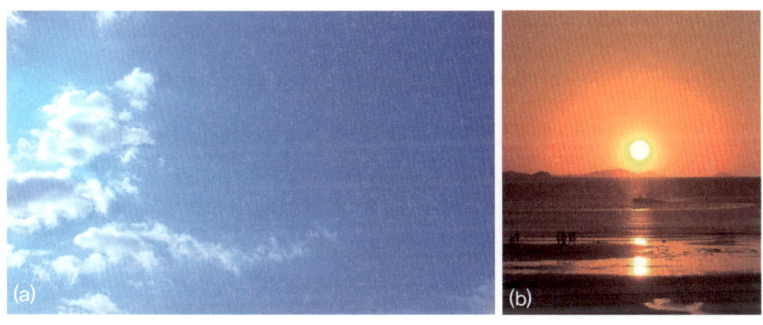

(a) 파란색 하늘과 흰 구름, (b) 해 질 무렵의 붉은 노을. 파장이 짧은 파란색 빛의 레일리 산란으로 파랗던 하늘이 해 질 무렵 파장이 긴 빨간색의 빛만 남아 붉게 보인다.[16]

영국의 물리학자인 레일리 경Lord Rayleigh, John William Strutt, 1842-1919은 1871년 파란빛을 띠는 하늘이 태양의 위치에 따라 그 색이 변하는 것은 빛의 산란 때문이라고 처음으로 밝혔다. 이 산란 현상은 빛의 파장에 따라 다르며 산란광의 세기는 빛의 파장의 4제곱에 반비례한다. 이러한 레일리 산란Rayleigh scattering은 산소나 질소처럼 입자의 크기가 가시광선 파장보다 매우 작을 때 일어난다. 파장이 짧은 파란색의 빛은 파장이 긴 빨간색의 빛보다 산란이 약 6배 정도 많이 일어난다. 따라서 파란색은 우리 눈에 잘 보이고 빨간색은 거의 보이지 않아 하늘이 파랗게 보이는 것이다.

반면 해가 뜨고 지는 새벽녘이나 해 질 녘에는 하늘이 노란색이나 붉은색을 띤다. 아침이나 저녁 무렵에는 태양이 하늘 위쪽이 아닌 지평선 가까이를 통과하므로 햇빛이 통과해야 할 대기층이 낮보다 훨씬 두껍다. 따라서 산란된 파장이 짧은 파란색의 빛은 대기층에 대부분 흡수되어 우리 눈에는 거의 보이지 않는다. 반면 파장이 긴 붉은색의 빛은 산란이 소멸되지 않고 남아 하늘이 붉게 보이는 것이다. 특히 저녁노을은 구름이 없는 날에 잘 나타나는데, 구름과 같은 물방울 입자가 적어야 산란광이 흡수되지 않기 때문이다. 저녁노을이 나타나면 다음 날은 날씨가 좋다고 하는 속설은 빛의 산란 현상 때문인 것으로 일리가 있다.

한편 하늘에 떠 있는 구름은 파란색 하늘과는 달리 하얗게 보인다. 빛이 구름 속에 있는 수증기와 물방울 같은 입자들과 충돌을 일으켜 생긴 또 다른 산란 현상 때문이다. 대기 중에 있는 질소나 산소 등의 작은 분자 때문에 생기는 레일리 산란과는 다르게 이 산란 현상은 입자의 크기가 빛의 파장과 비슷한 경우에 일어난다. 독일의 물리학자 미이Gustav Adolf Feodor Wilhelm Ludwig Mie, 1868-1957의 이름에서 따와 미이 산란Mie sattering이라고 부르며 산란의 정도는 파장과는 관계가 없다. 따라서 빨간색과 파란색 그리고 다른 색들이 모두 비슷하게 산란을 일으키므로 구름은 이 다른 색들이 모두 합쳐진 색상인 흰색으로 보이는 것이다.

빛의 산란을 기술적으로 이용한 것이 병원의 수술실에서 집도할 때

조명으로 사용하는 무영등surgical light이다. 의사나 간호사가 움직이는 손길이나 수술 도구로 인한 그림자로 수술 부위가 가려지는 것을 막기 위해 고안되었는데, 작은 전구를 수십 개 각기 다른 방향을 향하도록 설치해 그림자 부분까지 골고루 비춰지도록 만든 것이다. 더욱이 각 전구에 반사판을 붙여 빛의 난반사를 유도하여 그림자의 대부분을 없앨 수 있다. 현재는 기존의 할로겐램프를 사용한 무영등에서 열 발생이 적고 더 밝은 LED를 광원으로 채택한 무영등으로 진화·발전되어 병원에서 사용되고 있다.

8. 빛은 편광한다

산과 들이나 해변의 아름다운 풍경도 해가 강하게 비치면 눈이 부셔 보기가 힘들다. 특별히 해가 내리쬐는 날은 자동차를 운전하기도 힘들다. 이때 선글라스sunglasses를 쓰거나 선바이저sun visor(햇빛 가리개)를 통해 보면 눈부심이 줄고 바깥 풍경도 선명하게 보인다. 빛에 무슨 성질이 있기에 얇은 유리나 플라스틱판으로 빛의 성질을 바꿀 수 있는 것인지 궁금하다.

이러한 현상은 빛의 파동적인 성질로 이해할 수가 있다. 빛은 서로 수직하는 전기장과 자기장으로 이루어진 전자기파이다. 빛은 진행 방향의 축에 대하여 각각 직각이면서 또 상호 간에 직각인 전기장과 자기장이 사인sine 곡선 모양으로 진행하는 파동이다. 이 파동은 진동하면서 진행하는 것이 아니라 축상에서 사인 곡선 형태의 전기장과 자기장이 그 모양을 그대로 유지하면서 진행 방향으로 이동만 해나가는 것이다. 그러므로 고정된 위치에서 이 전기장이나 자기장을 측정하면 정확히 시간의 함수로 진동하는 것으로 나타난다.

전기장과 자기장의 크기인 진폭은 서로 비례하므로 편의상 전기장만 고려해보자. 만약 전기장을 진행축상의 한 위치에서 측정하였을 때 한 방향으로만 진동하면 이 빛은 선형 편광된 빛linearly polarized light이라고 한다. 또한 전기장이 진동하는 대신 시계 방향 또는 반시계 방향으로 회전하는 빛도 있는데, 이런 빛을 원형 편광된 빛circularly polarized light이라고 한다. 회전하는 전기장의 궤적이 원이 아닌 타원인 경우는 타원 편광된 빛elliptically polarized light이라고 한다. 그런데 우리가 늘 보는 태양 빛은 전기장의 진동 방향이 일정하지 않은 무편광 상태의 빛unpolarized light 또는 randomly polarized light이다. 이런 무편광은 진행축상의 한 점에서 볼 때 전기장의 진동 방향이 일정하지 않고 시시각각 무작위로 바뀌는 빛이다.

다른 관점에서 보면 빛의 편광상태는 진동하는 방향과 위상으로 분석해볼 수 있다. 진동하는 전기장의 진폭을 임의의 x축 및 y축 성분으로 나누어보면 각각의 크기와 위상에 따라 진동의 방향이 달라짐을 알 수 있다. 만약 두 축 성분의 진폭의 위상이 같으면 한 방향으로만 진동하는 선형 편광이 된다. 만약 두 축 성분의 진폭의 크기는 같은데 위상이 90° 차이가 나면 원형으로 회전하면서 진행하는 원형 편광이 된다. 두 축 성분의 진폭 크기도 다르고 위상도 다르면 전기장은 타원의 형태로 회전하면서 나아가는데 이를 타원 편광이라고 한다. 타원 편광이 편광 현상의 가장 일반적인 형태이며 선형 편광이나 원형 편광은

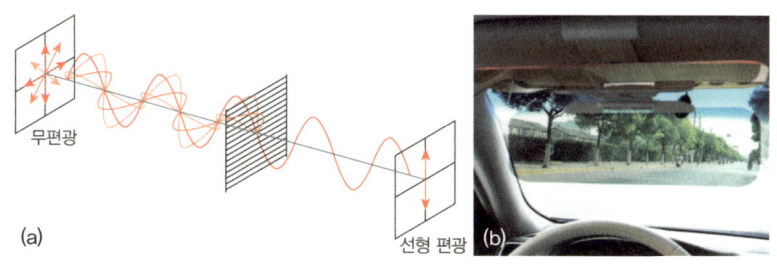

(a) 무편광이 편광판을 지나 선형 편광으로 바뀌는 모습. (b) 눈부심을 막아주고 뚜렷하게 보이게 하는 편광 필름[17]

타원 편광의 특수한 형태라 할 수 있다.

• 편광의 발견

　이러한 빛의 편광 특성은 덴마크의 과학자인 바르톨린Rasmus Bartholin, 1625-1698이 1699년에 최초로 발견한 것으로 알려져 있다. 그는 빛을 투명한 결정인 방해석$CaCO_3$, calcite의 한 면에 입사시키자 두 개의 빛으로 갈라져나오는 놀라운 사실을 알게 되었으나 그 이유를 제대로 설명하지 못했다. 20년 후에 네덜란드의 하위헌스는 빛의 파동설로, 뉴턴은 빛의 입자설로 바르톨린의 발견을 규명하고자 노력했지만 빛은 진행하는 축에 대칭성이 없다는 중요한 가설만 남긴 채 모두 성공하지 못했다. 이후 1809년에 프랑스의 물리학자 멀루스Étienne-Louis Malus, 1775-1812 또한 창유리에 반사된 저녁 햇빛이 방해석을 통과하자 빛이 두 갈래로 나누어지는 것을 발견하였다. 그는 뉴턴의 빛의 입자 이론에 따라 빛의 입자는 방향성이 없지만, 물질의 표면에서 반사되거나 방해석 같은 이방성 결정을 통과한 후에는 특정한 방향을 가지게 된다고 제안하였다.

한 줄기의 빛이 두 갈래로 나뉘어나오는 현상을 복굴절birefringence이라고 하는데, 하나의 빛이 편광면이 서로 수직인 정상광ordinary ray, o-ray과 이상광extraordinary ray, e-ray이라는 두 개의 편광으로 나뉘는 현상이다. 이렇게 편광을 발견하게 한 방해석은 빛의 편광면을 바꾸게 하는 편광자polarizer의 역할을 한 것이었다. 무편광, 즉 편광되지 않은 빛unpolarized light을 방해석과 같은 복굴절 매질에 통과시키면 전기장 벡터가 서로 수직인 수평편광과 수직편광의 빛으로 나누어지고, 각각의 속도는 달라져서 위상차가 생기게 된다. 이때 수평 방향의 선형 편광을 없애면 수직 방향의 선형 편광만을 얻을 수 있고, 반대로 수직 방향의 선형 편광을 없애면 수평 방향의 선형 편광을 얻을 수 있다.

편광은 대기 중에 있는 공기 분자에 의한 산란에 의해서도 발생하고 빛이 물체의 표면에서 반사될 때도 발생한다. 빛이 굴절률이 작은 매질에서 굴절률이 큰 매질로 입사하게 되면 빛의 일부는 매질 속으로 굴절이 되어 들어가고, 일부는 표면에서 반사한다. 무편광의 빛을 이와 같이 입사시키면서 반사광과 굴절광의 방향이 90°가 되도록 입사각을 조절하면 재미있는 현상이 일어난다(입사각은 반사면의 수직선과 입사광이 이루는 각이다). 이때 반사된 빛은 그 전기장이 반사면에 평행한 방향으로 진동하는 성분만 가진 완전 선형 편광이 되는 것이다. 이 특별한 입사각을 브루스터 각Brewster's angle(θ_B)이라고 한다. 두 매질의 굴절률을 n_1과 n_2이라고 하면 $\theta_B = \arctan(n_2/n_1)$으로 주어지며, 이것은 두 매질의 경계면에서 빛의 입사각과 굴절각의 관계를 규정하는 스넬의 법칙으로부터 간단히 얻을 수 있다.

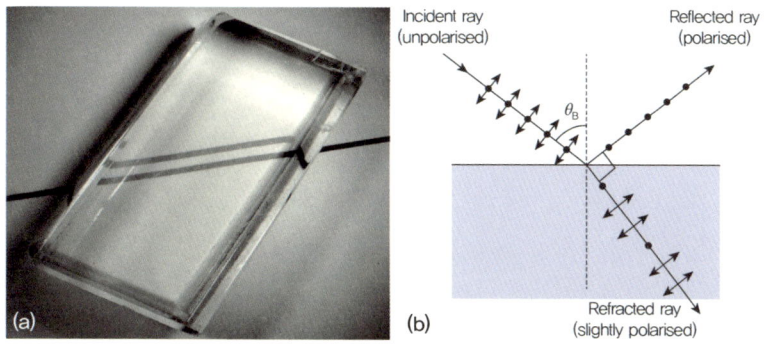

(a) 복굴절이 있는 방해석을 통과하여 두 갈래의 편광으로 나누어지는 모습과 (b) 공기에서 유리로 입사된 무편광의 반사광이 모두 선형 편광으로 바뀌는 입사각인 브루스터 각 θ_B[18]

• 편광의 이용

    빛의 편광 특성을 이용해 입사되는 햇빛의 전기장을 특정한 방향으로 바꾸어주면 눈부심을 막을 수 있다. 빛의 편광 특성을 바꾸어주는 기능을 가진 소재를 편광자라고 하며, 얇은 막thin film을 입힌 편광판polarizing plate으로 만들어 사용한다. 편광판은 편광축polarization axis이라고 하는 일정한 방향의 편광만 통과시키는 필터 역할을 한다. 무편광의 빛을 편광판에 입사시키면 편광축에 평행한 방향의 선형 편광이 되어 나온다. 이 선형 편광을 또 다른 편광판으로 입사시키면 편광의 방향에 따라 나오는 빛의 세기가 달라진다. 만약 광축이 서로 수직인 두 개의 편광판을 겹치면 빛은 차단되고, 두 광축을 평행하게 하면 두 번째 편광판은 마치 없는 것처럼 빛의 세기가 달라지지 않는다.

    이러한 복굴절 현상을 발견한 멀루스는 이 두 편광축 사이의 각도에 따른 투과광의 세기 변화를 정량적으로 측정하였다. 두 편광판의 편광축 간의 각도를 θ라고 할 때, 첫 번째 편광판을 통과하여 나온 빛의 세기를 I_0라고 하면, 두 번째 편광판을 통과하여 나오는 빛의 세기 I는 $I = I_0\cos^2\theta$의 관계로 나타난다는 것을 알아내었다. 이것을 '멀루스의 법칙Malus's law'이라고 한다. 두 편광판의 축이 나란하면 $\theta = 0°$이므로 빛의 세기는 $I = I_0$이 되어 최대가 되고, 두 축이 직각이면 $\cos(90°) = 0$이 되어 빛의 세기는 0이 된다. 멀루스가 편광의 특성을 규명한 때는 전자기파로서의 빛의 성질은 알려지지 않았을 때였는데, 빛의 세기가 특정한 방향으로 분해되고 합성되는 벡터의 성질을 가지고 있다는 것을 일찍이 확인한 셈이었다.

호수의 수면이나 도로 표면에서 반사되어 오는 빛은 편광과 자연광이 섞여 있는 부분편광partial polarization된 빛인데 그 가운데 수평horizontal 성분이 많다. 따라서 눈부심을 방지하기 위해서는 이 수평 성분의 편광이 제거되도록 편광축이 수직vertical 방향인 편광판으로 만든 선글라스를 착용하면 된다. 편광의 한 성분을 제거해주는 편광 필터는 유리면이나 물에 비친 반사광을 제거하는 역할을 하기도 한다. 편광면과 편광필터의 편광축의 각도가 서로 90°가 되면 멀루스의 법칙에서 알 수 있듯이 빛의 세기는 0이 되어 빛이 차단되는 것이다.

요즘 사용하는 스마트폰이나 태블릿 PC 등 각종 디스플레이에는 편광판이 내부에 장착되어 있는데, 반사로 인한 눈부심을 막기 위한 목적이다. 그러나 편광판으로 눈부심은 막는 대신 화면 밝기가 거의 반으로 줄어드는 단점이 생긴다. 최근 2021년 8월, 삼성디스플레이는 PDLPixel Define Layer이라는 적층 구조를 내부에 형성시켜 편광판을 아예 없앤 유기발광다이오드OLED 패널을 세계 최초로 개발했다고 발표했다. 화소 주변에 검은색 패턴을 형성해 외부에서 들어오는 빛을 흡수하여 빛의 반사를 막게 한 것이다. 그 결과 빛 투과율은 33% 증가하고 소비전력도 최대 25%까지 절감할 수 있다고 한다.

한편 영화관에서 상영하는 입체영화를 보려면 까만 일회용 안경을 하나씩 나누어준다. 그냥 눈으로 보면 화면이 이중으로 보이는데, 안경을 쓰고 보면 입체적으로 보인다. 다름 아닌 빛의 편광을 이용한 것인데, 좌우 렌즈에 편광축이 서로 수직인 편광판을 각각 넣어 만든 안경이다. 두 개의 카메라로 다른 각도에서 영상을 촬영하여 만드는 입체영화는 수평과 수직으로 편광된 빛을 이용해 촬영한다. 영화는 수평·수직의 편광판을 좌우에 장착한 편광안경으로 보는데, 왼쪽 카메라로 촬영된 영상은 왼쪽 눈으로, 오른쪽 카메라로 촬영된 영상은 오른쪽 눈으로만 보게 된다. 각도가 다르게 촬영된 2개의 영상을 동시에 보게 되면 우리의 뇌는 한 개의 영상으로 인식하면서 입체감을 느끼는 것이다.

편광을 바꿀 수 있는 복굴절 물질로는 방해석 이외에도 수정quartz과 전기석tourmaline 같은 결정이 있다. 빛을 편광으로 나눌 때는 두 개의 방해석을 붙여 만드는데, 두 개로 갈라져 굴절된 빛 중에서 굴절률이 큰 편광인 정상광은 내부전반사를 일으켜서 측면의 흑색 코팅에 의해 흡수시키고, 굴절률이 작은 이상광은 통과시켜서 편광을 얻는 방식이다.

편광과 관련한 또 다른 획기적인 실험 결과가 1845년 영국의 실험 물리학자인 패러데이Michael Faraday, 1791-1867에 의해 발견되었다. 빛은 자기장 아래에서는 그 편광면이 회전한다는 '패러데이 효과Faraday effect'라고 하는 현상이다. 이 패러데이 효과를 이용하면 전선에 흐르는 전류를 빛의 편광 성질을 이용해 측정할 수 있다. 직선의 전선에 전류가 흐르면 전류의 방향에 대하여 반시계(오른 나사) 방향으로 원형의 자기장이 전선의 주위에 형성된다. 자기장의 크기에 따라 회전하는 편광면의 회전각이나 변하는 빛의 세기를 측정하면 도체의 바깥에 형성된 자기장과 도체에 흐르는 전류량을 알 수 있다. 이때 사용하는 빛은 선형 편광이며 전선에 감긴 광섬유를 통해 입사시킨다. 최근 변전소에 설치된 기존의 철심형 전류측정기를 빛의 편광 현상과 광섬유를 이용한 전류기로 대체하고자 많은 개발이 이루어지고 있다. 이러한 '광섬유 전류센서FOCS, Fiber-Optic Current Sensor 또는 OCT, Optical Current Transformer'는 철심형 전류측정기에 비해 자기포화magnetic saturation에 의한 측정오차가 없고, 전자기 교란electromagnetic turbulence과 위상 간섭phase interference도 거의 없다는 장점이 있다.

  빛의 편광을 이용한 또 다른 응용은 항공기의 항법 장치나 미사일의 정확한 위치 조정 등에 사용하는 광섬유 자이로스코프FOG, Fiber-Optic Gyroscope에서 찾을 수 있다. 빛을 편광으로 바꾼 다음 두 개로 나누어 서로 반대 방향으로 보내 간섭이 일어날 때 빛 세기의 변화를 측정한다. 자이로스코프가 한쪽 방향으로 회전을 하면 같은 방향으로 진행하는 빛이 더 빨리 도달하여 두 빛 사이에는 위상차가 생긴다. 따라서 두 빛이 만나 이루어지는 간섭광의 세기는 변하고 이 변화량은 회전각도에 비례한다. 회전으로 생긴 간섭광의 세기 변화를 측정하면, 광 자이로스코프가 장착된 물체가 회전하는 각도를 알 수 있는 것이다. 최근 로봇, 무인 자동화기기 등 자세를 제어하는 장치와 자율 자동차용 항법장치navigator에도 광 자이로스코프가 많이 적용되고 있다.

제2장

색을 탐(探)하다

9. 색의 정체를 밝히다 • 064
10. 색을 좌표에 담다 • 075
11. 색을 감지하다 • 082
12. 색을 착각하다 • 088
13. 색을 바꾸다 • 094
14. 색으로 병을 치료하다 • 100

제2장
색을 탐(探)하다

9. 색의 정체를 밝히다

 물체마다 고유한 형태와 색을 가지고 있다는 것을 우리는 그 모습을 보고 안다. 물체가 색을 띠는 것은 물체를 비추는 빛이 있기 때문이다. 빛이 없는 깜깜한 밤에는 색은커녕 물체의 유무도 확인하기 어렵다. 물체마다 색이 다르게 보이는 것은 그 물체가 가진 성질과 빛의 상호작용에 달려 있다. 물체를 비추는 빛의 종류에 따라 그리고 빛을 받는 물질의 성분에 따라 색은 다르게 나타난다. 같은 햇빛이 나무를 비추면 나뭇잎은 푸르고 꽃은 형형색색으로 다른 색을 낸다. 나뭇잎과 꽃의 성분이 다르기 때문이다. 그런데 같은 나뭇잎이라도 다른 색의 빛으로 비춰보면 햇빛으로 보는 색과는 다르게 보인다.

 우리가 자연에서 보는 빛은 쉬지 않고 폭발하는 태양에서 오는 햇빛이다. 낮에 햇빛을 볼 수 있는 것은 빛의 원천인 태양이 하늘에 떠 있기 때문이고, 밤에 햇빛을 볼 수 없는 것은 태양이 지구에 가려져 보이지 않기 때문이다. 태양 주위로 지구는 공전하며 계절을 만들어내고, 스스로는 자전해 낮과 밤이 바뀌게 한다. 태양빛은 우리 눈에 희게도 보이고 연노란색으로 보이기도 한다. 햇빛이 한 가지의 흰색이 아니라 빨주노초파남보 등 여러 가지 색의 빛으로 이루어졌다는 것은 17세기에 이르러서야 과학적으로 규명되었다.

빛은 전자기파electromagnetic wave인 파동이며 그 파장의 길이에 따라 다른 색을 띤다. 우리는 눈의 망막에 있는 원추세포cone cells를 통해 색을 인지하는데, 이 세포의 감지능력 범위 밖에 있는 파장의 빛은 볼 수가 없다. 우리가 볼 수 있는 가시광선visible light은 약 400nm에서 700nm까지의 파장을 가진 빛을 말한다. 원추세포가 감지하는 빛은 특정한 단일 파장이 아니고 빛을 가장 많이 수용하는 파장을 포함한 넓은 파장 영역이다. 파장을 감지하는 민감도는 파장이 가장 긴 빨간색이 가장 크고, 초록색 그리고 파란색의 순서로 이루어진다. 빨간색 담당 원추세포는 파란색 영역의 빛도 부분적으로 인지한다. 사람의 시각 감지 능력에 따라 빛의 3원색은 빨강red, 초록green, 파랑blue으로 정해진다.

우리 눈이 인지하지 못하는 가시광선 밖의 파장 영역에도 여러 빛이 있는데, 400nm보다 짧은 파장을 가진 순서대로 자외선UV, Ultra Violet, X-선X-ray, 감마선gamma ray 등이 있고 700nm보다 긴 파장의 빛으로는 적외선IR, Infrared, 초단파, 라디오파라고 부르는 마이크로파microwave가 있다. 파장이 짧은 빛은 그 에너지가 커서 사람의 몸과 물체 등을 투과할 수 있다.

우리 눈이 감지할 수 있는 이 세 가지 색의 가시광선도 그 파장을 더 잘게 쪼개면 빨주노초파남보의 일곱 가지 색으로 나눌 수가 있다. 그 색을 언어로 표현할 수 있다면 훨씬 더 많은 색으로 나눌 수 있을 것이다. 가장 과학적인 방법은 해당하는 색을 그 파장의 길이 자체로 표시하는 것이다. 파장을 1nm 단위로 자르면 400~700nm의 가시광선은 300개로 나눌 수 있고, 더 작은 단위로 자르면 무한대의 색이 될 것이다.

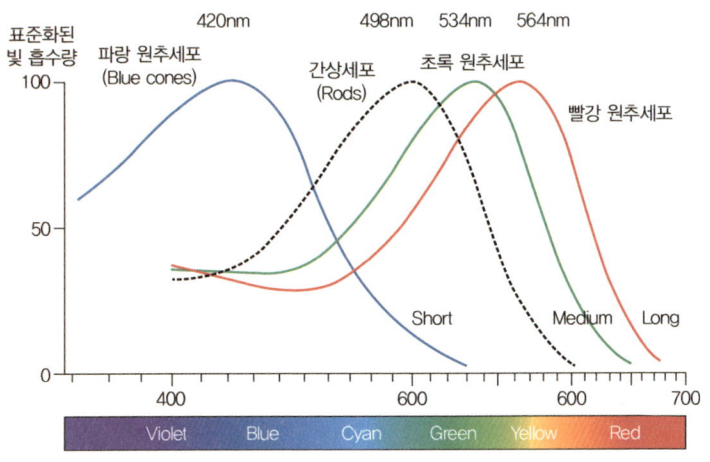

사람의 원추세포가 감지하는 빛의 파장에 따른 흡수도. 빨강, 초록, 파랑의 순서대로 민감하게 감지한다.[1]

실제로 과학자들은 좀 더 객관적으로 빛의 색을 표시하는 방법을 오래전부터 연구하였다. 뉴턴은 흰색의 햇빛을 프리즘으로 통과시켜 여러 가지 색으로 분리됨을 발견하고는 햇빛은 여러 가지 파장의 색이 합쳐져서 흰색으로 보임을 증명하였다. 뉴턴은 그 당시 일반적으로 다섯 가지 색으로 구분되는 무지갯빛 색을 주황과 남색을 추가하여 일곱 가지 색으로 나누었다. 그리고 각각의 색은 우리 눈에 있는 감각세포들이 감지한다고 생각하였다.

이후 1802년 영국의 화학자인 월라스톤William Hyde Wollaston, 1766-

1828은 뉴턴의 실험 방법을 개선하여 햇빛을 좁은 틈새인 슬릿slit에 통과시켜 띠처럼 다른 색이 연속적으로 나오는 스펙트럼을 얻었다. 이 빛의 스펙트럼은 태양이 폭발하면서 나온 여러 가지의 빛이 혼합된 것임을 의미하였는데, 스펙트럼이 완벽한 연속체가 아니고 특정한 파장에서는 빛이 없어 까만색 줄로 나온다는 것을 발견하였다. 이후 독일의 물리학자인 프라운호퍼Joseph Ritter von Fraunhofer, 1787-1826는 이 까만색 흡수선absorption lines이 무려 574개가 되는 것을 확인하였다. 물체 내부에 존재하는 원자에 따라 특정한 파장에서 빛이 흡수되는데 이 흡수선을 프라운호퍼선이라 한다. 특정한 별에서 나오는 빛의 스펙트럼을 측정해 프라운호퍼선Fraunhofer lines을 찾아 분석하면 그 별의 성분을 알아낼 수 있다.

한편 스코틀랜드의 브루스터Sir David Brewster, 1781-1868는 물질이 탈 때 나오는 빛을 프리즘에 통과시키면 특정한 빛의 스펙트럼을 얻을 수 있다는 것을 알았다. 1820년대에 들어와 영국의 탤벗William Henry Fox Talbot, 1800-1877이라는 물리학자는 많은 물질을 기화시켜 분광실험spectral experiment을 체계적으로 수행한 결과, 물질마다 고유의 스펙트럼이 나온다는 것을 알게 되었다. 이후 이런 방법으로 미지의 물질을 분석하는 기술로 발전하게 된다. 물론 태양이 폭발할 때의 구성 성분도 스펙트럼을 파장별로 분석하여 알 수 있다. 이러한 발견은 특정한 화학반응에 따라 특정한 빛의 스펙트럼이 나오는 것을 확인하여 빛과 물질 간의 상호 작용을 연구하는 분광학spectroscopy이 태동하는 계기가 되었다. 물질에서 방출되거나 물질에 흡수되는 빛의 스펙트럼을 분석하여 물질의 화학적 조성을 확인하여 식별할 수 있는 것이다.

1859년에는 독일의 물리학자인 키르히호프Gustav Robert Kirchhoff, 1824-1887와 화학자인 분젠Robert Wilhelm Eberhard Bunsen, 1811-1899은 나트륨Na, Sodium을 태워 스펙트럼을 분석한 결과 노란색 선이 나옴을 알았고 이는 프라운호퍼선이라 불리는 검은 흡수선들과 파장이 일치함을 발견했다. 또한 나트륨의 불꽃에서 나오는 빛으로 태양을 관찰하자 검은 선들이 점점 더 검게 되는 것을 발견하였다. 그들은 이러한 스펙트럼 실험을 통해 태양이 나트륨을 포함하고 있다는 것을 밝혀냈다. 또 태양에 있는 다른 화학 원소의 스펙트럼도 어두운 선을 보여줄 것이라 예상했고 1861년에는 헬륨He, Helium을 발견하게 된다. 각종 물질에 대한 스펙트럼의 연구 결과 그들은 루비듐Rb, Rubidium과 세슘Cs, Cesium을 발견하는 업적도 남겼다.

• 빛과 물질의 3원색

빛이 파동임을 밝혔던 영국의 물리학자인 영Thomas Young, 1773-1829이 색은 3원색으로 감각할 수 있다고 이미 1801년에 제안한 바 있었다. 이후 1868년에 독일의 헬름홀츠Hermann Ludwig Ferdinand von Helmholtz, 1821-1894는 색의 구분은 빨강, 초록, 파랑의 색을 감지하는 망막retina의 시세포visual cells와 시신경optic nerve을 통해 가능하며 따라서 빛의 3원색을 빨강, 초록, 파랑으로 제안하였다. 이후 과학계는 이를 채택하게 되었고, 빛의 3원색 이론은 빨강, 초록, 파랑을 인식하는 인간의 시신경 능력에 기반을 둔 것이었다.

우리가 세 가지 색으로 인지하는 빛은 그 파장이 각기 다르다. 물질을 태워 그중 선명한 색이 나는 대표적인 것을 찾고 눈이 감지하는 가시광선 영역에서 세 가지 파장의 빛을 정의하고 색의 이름을 붙였다. 물질을 태워 나온 빛으로 색을 구분하는 경우, 빨강R, Red은 카드뮴Cd, Cadmium을 태워 나오는 643.85nm 파장의 빛을, 초록G, Green은 수은Hg, Mercury을 태워 나오는 546.07nm 파장의 빛을, 파랑B, Blue은 카드뮴을 태워 나온 또 다른 파장인 479.99nm에서의 빛을 3원색으로 정량화했다. 그 세 머리글자를 따서 R, G, B라고 하는 빛의 3원색은 각각 표준화된 고유의 파장을 가진 전자기파의 색으로 자리매김하게 된다.

빛의 3원색인 빨강, 초록, 파랑을 합하면 거의 모든 색의 빛을 만들 수 있다. 빨강과 초록을 합하면 노랑Y, Yellow, 빨강과 파랑을 합하면 자홍M, Magenta, 파랑과 초록을 합하면 청록C, Cyan이 된다. 빛의 3원색을 합하는 비율을 달리하면 원하는 색을 마음대로 만들 수 있다. 그리

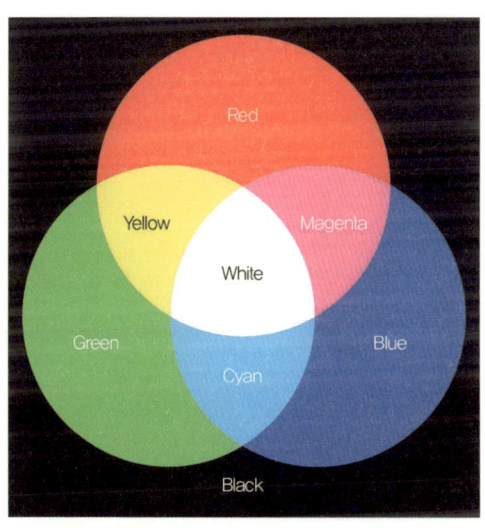

빛의 3원색과 물질의 3원색을 벤 다이어그램(Venn diagram)으로 표시한 그림. 빛의 3원색 중 빨강과 초록를 합하면 노랑, 빨강과 파랑을 합하면 자홍, 파랑과 초록을 합하면 청록이 되고, 빛의 3원색을 다 합하면 흰색이 된다. 물질의 3원색 중 청록과 자홍을 합하면 파랑, 청록과 노랑을 합하면 초록, 자홍과 노랑을 합하면 빨강이 되고 물질의 3원색을 다 합치면 검정이 된다.[2]

고 빛을 합칠수록 색은 밝아지는데 이를 가산혼합additive color mixture 이라고 하며, 3원색을 다 합치면 흰색White이 된다.

빛의 3원색인 R, G, B를 합한 결과 나온 색은 청록C, 자홍M과 노랑Y 인데, 이 세 가지 색 C, M, Y가 물질의 3원색이 된다. 우리가 흔히 물질의 3원색을 파랑, 빨강, 노랑이라고 부르는데, 이는 엄밀하게 틀린 것이며, 청록, 자홍, 노랑으로 불러야 맞다.

물질의 3원색을 섞으면 빛의 3원색의 경우와는 다른 색이 나온다. 청록C과 자홍M을 합하면 파랑B, 청록C과 노랑Y을 합하면 초록G, 자홍M과 노랑Y을 합하면 빨강R이 된다. 물질의 3원색을 각각 합하면 그 부모 격인 빛의 3원색이 나온다. 반면에 빛의 3원색을 합치면 흰색이 되는 것과는 전혀 다르게 물질의 3원색을 다 합치면 검정Black이 된다. 물질의 3원색은 청록C, 자홍M, 노랑Y의 첫 글자와 검은색의 끝 글자인 K를 합쳐서 CMYK라고 부른다. 약자 K는 검정인 Black의 첫 글자인 B가 빛의 삼원색 중 하나인 Blue와 겹쳐서 끝 글자인 K를 따온 것이다.

• 물체의 색과 응용

햇빛은 흰색으로 보이는데 햇빛을 받은 물체들은 제각기 다른 색을 내고 있다. 사물들이 다른 색으로 보이는 것은 물질마다 선택적으로 특정한 파장의 빛을 흡수하거나 반사하기 때문이다. 흡수되는 파장의 빛은 물체가 흡수하여 볼 수 없고, 대신 투과하거나 반사하는 파장의 빛을 우리가 보는 것이다. 예를 들어 흰색의 눈과는 달리 눈 무더기는 약간 푸른빛이 감돌고 바닷물도 푸르게 보인다. 그 이유는 긴 파장의 빛은 대부분 흡수되고 짧은 파장인 파란색의 빛이 주로 반사되기 때문이다. 특히 남극과 북극에서 볼 수 있는 거대한 얼음 덩어리인 빙하는 푸른빛이 더욱 뚜렷한데, 빛의 파장에 따라 흡수되는 정도가 달라서 생기는 것이다.

그런데 만약 물체에 입사된 빛이 흡수되지 않고 모두 통과해나간다면 투명하게 보인다. 빛의 흡수는 물질을 이루는 원자에 속한 전자의 에너지 준위 간의 폭인 밴드 갭band gap과 관련이 있다. 입사되는 빛 에너지가 밴드 갭 크기와 같으면 그 특정한 파장의 빛은 흡수된다. 유리는 이 밴드 갭이 아주 넓어 우리 눈에 보이는 파장 영역의 빛인 가시광선은 흡수되지 않고 모두 통과해 투명하다. 대신 짧은 파장의 빛인 자외선의 에너지는 밴드 갭보다 커서 유리창에서는 대부분 흡수된다.

이런 맑은 유리도 특정한 금속 산화물을 첨가해서 만들면 함유된 금속이온에 따라 흡수되는 파장이 달라 다른 색을 나타낸다. 유리가 빛을 받으면 유리 속의 있는 금속이온의 전자가 낮은 에너지를 가진 기저 상태에서 높은 에너지 상태로 천이하는 흡수 과정을 거쳐 그 금속 특유의 색이 발현되는 것이다. 색을 가진 유리는 색을 가진 빛, 즉 특정한 파장의 빛을 더 많이 투과시킨다. 만약 가시광선을 다 흡수하고 자외선만 통과시키는 유리가 있으면 유리는 검은색으로 보인다. 유리 창문이 약간 푸르게 보이는 것은 불순물로 함유되어 있는 철 이온에 의한 빛의 흡수 때문이다.

유리의 성분으로 결합해 있는 금속의 이온은 제조 공정 조건에 따라 같은 금속이라도 전자의 개수가 달라져 원자가가 다른 두 개 이상의 이온으로 존재한다. 전자의 개수가 다르면 전자의 에너지 준위가 달라지고 따라서 빛이 흡수되는 에너지가 달라진다. 즉, 빛이 흡수되는 파장은 이온의 원자가에 따라 달라진다는 것이다. 이런 이유로 같은 유리조성인데도 함유된 철 이온의 원자가가 다르면 색이 다르게 나온다. 3가의 철 이온이 많으면 갈색의 병, 2가의 철 이온이 많으면 연한 파란색의 병이 된다. 우리가 흔하게 보는 맥주병과 소주병의 색이 그 대표적인 예다.

초록색의 풀과 나뭇잎은 구성 성분인 엽록소라고 부르는 클로로필chlorophyll이 선택적으로 파란색과 빨간색 파장의 빛은 흡수하고 초록색 파장의 빛은 통과하거나 반사한다. 따라서 흡수되지 않고 투과하거나 반사된 초록색 파장의 빛 때문에 초록색으로 보인다. 이와 대조적으로 사람이나 동물의 피는 빨간색인데, 피 속에 들어 있는 적혈구의 성분인 헤모글로빈hemoglobin이 빨간색 이외의 빛은 모두 흡수하기 때문이다. 참고로 식물의 클로로필과 동물의 헤모글로빈은 모두 아주 큰 단백질인데 놀랍게도 거의 동일한 HEME 구조를 가지고 있다. 클로로필은 분자의 중앙에 마그네슘Mg, Magnesium 이온이 결합되어 있고 헤모글로빈은 철Fe, Ferrum 이온이 결합되어 있는 것이 다른 점이다. 이 단백질 중앙에 있는 이온의 전자들이 빛을 받으면 높은 준위로 올라가면서 빛을 흡수하며, 이온의 종류에 따라 전자들이 위치하는 준위의 높이가 달라 흡수 파장이 달라지는 것이다.

두 가지 색의 빛을 서로 혼합하여 흰빛이 되거나 두 가지 물질의 색을 혼합하여 검은색이 되는 관계를 서로 보색complementary color 관계에 있다고 한다. 예를 들어, 빛과 물질의 경우 빨강과 청록, 파랑과 노랑, 초록과 자홍은 각각 서로 보색이다. 보색을 사용하면 뚜렷하게 그 색을 강조할 수 있다. 신호등의 색은 이 보색 관계를 이용한 것이며,

초록색 잎사귀 사이에 달린 빨간색의 사과도 자연이 만들어낸 보색의 한 모습이다.

흰색의 가운을 입고 진료를 하는 병원의 의사들이 수술실에 들어갈 때는 초록색이나 파란색의 가운으로 갈아입는다. 그 이유는 수술 시 빨간색의 피를 보다가 흰색의 가운을 보게 되면, 빨간(또는 자홍)색의 보색인 청록(또는 초록)색이 잔상으로 남아 색 구분에 혼란이 생겨 수술의 집중도를 떨어뜨리기 때문이다. 따라서 수술할 때는 초록색이나 파란색의 가운으로 갈아입어서 이러한 보색 잔상을 방지하는 것이다.

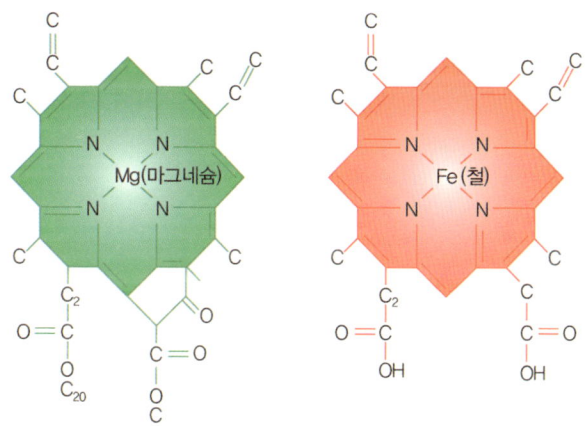

매우 유사한 HEME 형태의 분자구조를 가지고 있는 클로로필(왼쪽)과 헤모글로빈(오른쪽). 클로로필은 마그네슘 이온, 헤모글로빈은 철 이온이 중앙에 결합되어 있다.[3]

물질의 3원색을 혼합하면 우리는 어떤 색도 만들어낼 수 있다. 예를 들어 물감을 섞어 다른 색을 만들면 빛의 경우와는 다르게 합해지는 색은 어두워진다. 물감을 섞을수록 어둡고 탁해져서 명도와 채도가 모두 낮아지는 것을 감산혼합subtractive color mixture이라고 한다.

색칠을 하되 밝게 보이려는 시도는 프랑스의 인상주의impressionism 파 화가들의 시대로 거슬러 올라간다. 자연의 밝은 빛에 비치는 사물이나 경치를 순간적으로 포착해 그리기 위해 화가들은 물감을 빨리 섞어 빠르게 그렸지만 그 효과는 얻기 어려웠다. 물감은 섞을수록 색이 어두워지기 때문이었다. 프랑스의 화가 쇠라Georges Pierre Seurat, 1859-1891는 이런 문제를 점묘화법pointillism을 창안하여 해결하였고, 신인상주의neo-impressionism를 개척한 화가로 후세에 남게 된다.

쇠라는 다양한 색을 표현하되 물감이 섞여 어두워지는 것을 막기 위해 각각의 색을 그대로 점같이 찍어 그렸다. 색을 섞어 만드는 대신 우리 눈이 그 색의 빛을 머릿속에서 혼합하여 인식하게 했다. 이러한 색의 잔상after image효과를 이용한 채색 방법을 병치혼합법color juxtaposition이라고 한다. 쇠라는 서로 반대되는 보색대비complementary contrast를 이용하여 잔상효과를 더욱 강화하고 색채가 풍성하도록 하였다. 이러한 병치혼합법은 점묘화법을 적극적으로 도입하여 작품을 남긴 프랑스의 시냐크Paul Victor Jules Signac, 1863-1935를 거쳐 네덜란드 출신의 화가인 고흐Vincent Willem van Gogh, 1853-1890의 작품에서도 많이 발견된다.

물감을 혼합시키지 않고 작은 점을 서로 이웃이 되게 나란히 찍어 그리는 병치혼합법은 현대의 그림이나 인쇄술에도 크게 영향을 미쳤다. 모자이크로 벽화나 그림을 만들거나 직물이나 종이에 그림을 인쇄할 때도 사용된다. 우리가 일상적으로 보는 TV나 컴퓨터, 휴대폰 등의 화면도 아주 작은 점들을 화소pixel로 이용한 병치혼합법이라는 광학의 원리를 이용한 것이다.

TV나 컴퓨터, 휴대폰 등의 디스플레이 제품에서 표현할 수 있는 색의 가짓수를 색심도$^{color\ depth}$라고 한다. 일반적으로 디스플레이는 빛의 3원색인 R, G, B 색을 내는 부분화소(또는 서브픽셀^{subpixel})의 조합을 통해 색을 내는데 R, G, B의 배합과 R, G, B 각각의 밝고 어두운 정도를 조절해 다양한 색상을 표현한다.

색심도는 비트^{bit}수로 나타내며 크기가 클수록 더욱 풍부한 색 표현이 가능하다. 한 화소마다 R, G, B 서브픽셀을 조절해 색을 표현하는데, 세 가지 색을 각각 가장 간단한 ON/OFF로 조작하면 3비트가 되어 $2^3 = 8$가지의 색이 나온다. 여덟 가지 색으로는 8비트가 되어 $2^8 = 256$가지, 16비트는 $2^{16} = 65,536$가지, 24비트는 $2^{24} = 16,777,216$가지의 색이 나온다. 8비트의 256 컬러는 VGA 그래픽 카드 이후에 나오기 시작한 것으로 90년대 말까지 유효하게 사용된 바 있다. 24비트는 R, G, B 화소에 각각 1바이트$^{byte=8bit}$를 할당한 것으로 '트루컬러$^{true\ color}$'라고 부르며, 현재 사용되는 대부분의 디스플레이나 그래픽 프로세서가 지원한다. 대부분의 천연색 사진은 트루컬러로 디지털화해도 거부감 없이 받아들일 수 있을 정도로 선명한 색을 나타낸다.

10. 색을 좌표에 담다

우리 눈은 빛의 스펙트럼에서 파장이 400~700nm 영역인 가시광선을 볼 수 있는데, 이것은 눈의 시각세포를 통해 들어온 색 정보를 뇌가 인지하기 때문이다. 우리 뇌가 구분할 수 있는 수만 개가 넘는 색을 이름으로 정하기는 불가능하다. 그래서 눈의 시각세포가 가장 뚜렷하게 감지하는 대표적인 빛으로 빨강, 초록, 파랑을 빛의 3원색으로 정하고 그 세 머리글자를 따서 R, G, B라고 이름 붙였다. 그리고 빛의 3원색이 만들어내는 많은 색을 공간 속에 좌표로 표시하여 효율적으로 이용한다.

• RGB 색공간

빛의 색깔을 구분할 수 있는 방법 중 가장 오래되고 기본이 되는 것이 RGB 색공간이다. 우리가 인지하는 모든 색은 빨강, 초록, 파랑의 3원색을 합쳐(가산혼합) 만들어지기 때문에 RGB 3원색을 조합하여 구현할 수 있다. RGB를 축으로 직육면체를 만들어 RGB 색공간을 구성할 수 있다. RGB 색공간에서는 RGB가 모두 0인 지점이 검정이 되고, RGB가 모두 최대인 지점은 흰색이 된다. 빨강과 초록을 섞으면 공간상에서 두 벡터의 합이 되는 노랑이 되고, 초록과 파랑을 섞으면 청록 그리고 파랑과 빨강을 섞으면 자홍이 된다. 그리고 black과 white를 잇는 선 위에는 무채색인 회색들이 위치한다.

3원색 각각의 색은 0에서 255까지 256단계로 나누어 표시하며 3색을 조합하면 모두 16,776,216(= 256×256×256)가지가 된다. 컴퓨터에서 사용하는 비트는 0과 1로 이루어진 2진법을 사용하는데, 0과 1을 4자리까지 만들 수 있는 숫자는 총 16개가 되므로 16진법을 사용해서 표기한다. 10진법의 숫자 10, 11, 12, 13, 14, 15, 16은 16진법에서는 별도의 숫자가 없어 알파벳 A, B, C, D, E, F로 대신 표기한다. 따라서 10진법의 0~255단계를 16진법으로 표시하면 00~FF가 된다. 3원색을

10진법의 좌표로 표시하면 빨강은 (255, 0, 0), 초록은 (0, 255, 0), 파랑은 (0, 0, 255)이다. 16진법으로 표시하면 3원색은 각각의 최댓값인 FF로 표현되므로 빨강은 FF0000, 초록은 00FF00, 파랑은 0000FF이 된다. 3원색이 하나도 없는 검정은 000000, 3원색이 최대로 모두 혼합된 흰색은 FFFFFF로 표시한다. 빨강(FF0000)과 초록(00FF00)을 섞어 나오는 노랑은 FFFF00으로 표시한다.

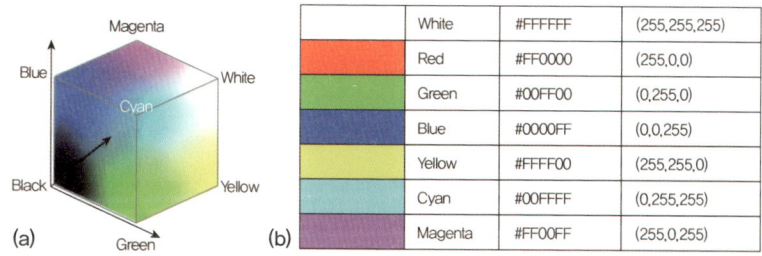

(a) RGB 색공간, (b) 주요색들의 표기 방법[4]

RGB 색공간을 사용하는 대표적인 기기는 디지털카메라와 PC 모니터와 같은 입출력 장치이다. 이러한 장치의 색을 감지하는 센서는 반도체소자인 CCD^{Charge Coupled Device}나 CMOS^{Complementary Metal Oxide Semiconductor}로 만들어지는데, RGB 3원색을 각각 감지하는 화소들로 이루어져 있다. RGB 색공간은 3원색을 조합하여 모든 색을 만들어내는 장점이 있다. 그러나 사람은 색깔 외에도 색의 맑고 탁한 성질을 나타내는 채도와 색의 밝고 어두운 정도를 나타내는 명도를 함께 인식한다. 따라서 RGB 색상 외에 채도와 명도를 함께 포함한 색공간이 필요했고 이러한 속성을 고려해 만들어진 것이 HSV 또는 HSL 색공간이다.

• **HSV 색공간**

색은 그 속성을 색상^{Hue}, 채도^{Saturation}, 명도^{Value}로 나눌 수 있다. 색상은 순수한 의미의 색을 나타내며 채도나 명도와 상관없이 색을 구분할 수 있게 하는 성질이다. 색상 H는 가시광선의 파장에 따른 스펙트럼을 원의 고리 모양으로 배치한 색상환 표에서 가장 파장이 긴 빨강을 0°로 하였을 때 상대적인 배치 각도로 표시한다. H 값은 0~360°의 범위를 가지고 있으며 0°와 360°는 같은 색상인 빨강을 가리킨다. 채도는 색의 맑고 탁한 정도를 말하며 채도가 높을수록 색이 맑다. 채도 S는 특정한 색상의 가장 진한 상태를 100%로 하였을 때 진함의 정도를 나타내며 채도 0%는 무채색을 나타낸다. 명도는 색의 밝고 어두운 정도를 말하며 명도가 높을수록 색이 밝다. 명도 V는 흰색, 빨강 등을 100%, 검정을 0%로 하였을 때 밝은 정도를 나타낸다. 명도 대신 빛의 밝기의 정도를 나타내는 휘도$^{L,\ Lightness}$로 대체하여 빛의 속성을 설명하기도 한다.

이러한 색의 세 가지 속성을 한눈에 볼 수 있게 만든 색공간 모델이 HSV를 원기둥이나 원뿔 형태의 색공간 모형에 그려 표시하는 것이다. 명도 V 대신 휘도 L로 대체한 것이 HSL 색공간 모델이다. HSV의 value, 즉 명도 V는 색의 밝고 어두운 정도를 나타내는 반면 lightness, 즉 휘도 L은 빛의 밝기 정도를 나타낸다. HSV에서는 가장 밝은 흰색과 RGB 등의 원색을 같은 밝기인 1.0으로 정한 반면, HSL에서는 가장 밝은 흰색을 1.0, 검은색을 0.0으로 놓고 다른 모든 색들의 밝기는 이 흰색과 검은색인 1.0과 0.0 사이에 놓인다는 것이 큰 차이점이다. HSV과 HSL 색공간 모델 모두 인간이 실제로 색을 인지하는 특성과는 차이가 있지만, 원하는 색을 찾거나 상대적으로 표기할 때 활용하기 좋은 방법이다.

이러한 색공간 모델들은 1970년대에 컴퓨터 그래픽에 종사하는 연구자들이 실제 사람이 느끼는 색의 재현을 위해 고안한 방법이다. HSV 모델의 경우 원기둥 모양의 색 공간에서 하나의 색은 원기둥의 표면과 내부에 한 점으로 표시할 수 있고 이것을 또 좌표화할 수 있다. 색상 H는 각도로 표현되며 원기둥의 수평 단면의 어느 방향에 위치하는지를 지정한다. 채도 S는 원의 중심에서 반지름 방향으로 지정하는데 정중앙은 무채색이며 원기둥의 겉면이 가장 진한 채도를 갖는다. 명도 V는 원기둥의 높이에 해당하며 위로 갈수록 색이 밝다. 예를 들어 빛의 3원색인 빨강은 HSV 좌표 값이 (0, 100, 100), 초록은 (120, 100, 100), 파랑은 (240, 100, 100)로 표시된다. 빨강과 초록을 1대 1로 합친 노랑은 (60, 100, 100)으로 표시되며, 초록과 파랑을 1대 1로 합친 청록은 (180, 100, 100)로 표시된다.

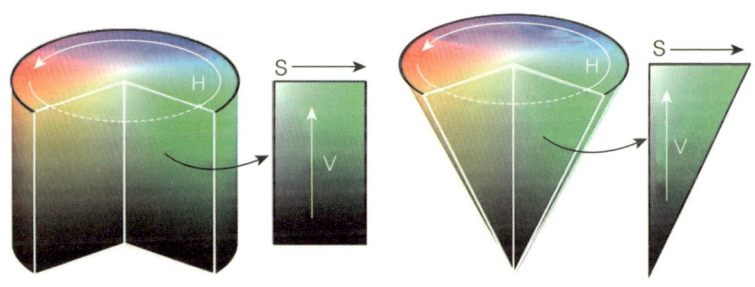

원기둥과 원뿔 모양의 HSV 색공간[5]

원기둥 대신에 원뿔 모양으로 HSV 색공간을 나타낸 경우, 명도 0%는 검정을 의미하기 때문에 단 하나의 점으로 표현할 수 있고 색상은 진하지 않을수록 채도 값의 변화에 따른 색상 변화가 크지 않아 원뿔 모양으로 대체한 것이다. 따라서 명도 0%는 원뿔의 꼭짓점에 해당하고 높은 명도에 비해 채도를 나타내는 폭은 줄어든다.

• CIE 색도 분포표

위에서 설명한 3차원의 색공간 모델들은 정확한 색의 속성을 표시하고 컴퓨터로 색을 구현하는 데 편리하나 간단히 색 정보를 구별하기에는 불편하다. 따라서 2차원 도표상에서 3원색을 상대적 비중을 간단하게 표시하는 색도 분포표가 제안되었다. 인간이 인식할 수 있는 색을 2차원의 좌표상에 나눠놓은 CIE 색도 분포표CIE chromaticity diagram는 1931년 국제조명위원회인 CIEinternational commission on illumination에서 제시한 것으로 현재까지 많이 사용되고 있다.

CIE 색도 분포표는 빛의 3원색인 빨강, 초록, 파랑을 2차원 좌표 속에 넣어 그린 도표인데, 빨강과 초록을 각각 가로축 X와 세로축 Y에 표시하고 나머지 파랑은 1-(X + Y)에서 구할 수 있도록 하였다. R, G, B 좌표 값을 모두 더하면 항상 1이 되고 X, Y값 두 가지만 지정해주면 모든 색을 구분할 수 있다.

이 색 좌표 (X, Y)의 특징은 색의 밝기에 영향을 가장 많이 주는 초록을 가장 큰 영역으로, 영향이 가장 적은 파란색을 가장 작은 영역으로 구성한 것이다. CIE 색도 분포표에서 빨간 선의 삼각형은 'NTSC 색표준National Television System Committee color standards'으로서 미국의 텔레비전 시스템 위원회가 TV 방송용으로 정한 색의 기준이다. 이 NTSC 기준에 들어오는 색 좌표를 갖는 3원색을 이용하면 디스플레이에서 구현하고자 하는 색은 모두 표현이 가능하다. NTSC 색 표준에서 세 꼭짓점으로 표시된 색들은 각각 (0.68, 0.32), (0.21, 0.72), (0.14, 0.08)의 좌표로 표시된다. 예를 들어, 좌표 (0.21, 0.72)는 21%가 빨강, 72%가 초록, 나머지 7%가 파랑의 합으로 이루어진 색을 말한다.

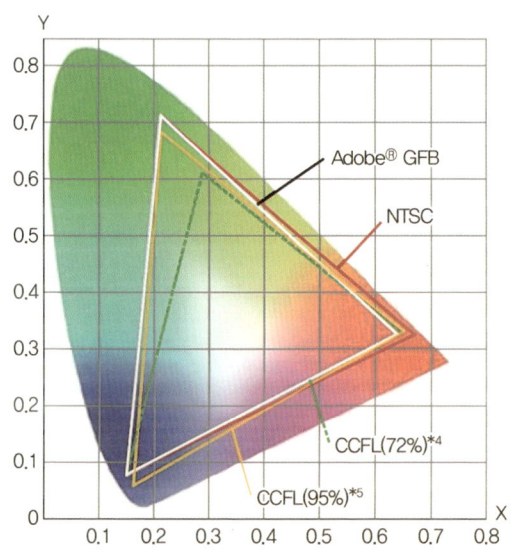

색을 좌표로 나타내는 CIE 색도 분포표[6]

또 다른 색 표준으로는 냉음극관이라고 부르는 형광등인 CCFL[Cold Cathode Fluorescent Lamp]에 적용하는 것인데, NTSC 색 표준에는 조금 못 미쳐 기준에 따라 72%, 95%의 색 재현율을 나타낸다.

CCFL은 LCD 디스플레이의 뒷면에서 빛을 비춰주는 백라이트[BLU,

Back Light Unit의 역할을 하는데, PC·노트북·복사기나 스캐너scanner 등에 많이 사용되는 백색 광원이다. 색 좌표에서 보는 것처럼 냉음극관의 빛도 R, G, B가 일정한 비율로 구성되어 있지만, 우리 눈에는 이 파장의 빛이 다 섞여 흰색으로 보인다. 최근에는 LEDLight Emitting Diode가 CCFL을 대체하여 백라이트로 많이 사용되고 있다. 같은 흰색의 빛을 내는 형광등이나 LED도 태양광과는 색의 분포와 비율이 다르다. 최근 자외선 발생을 줄이고 태양광과 비슷한 비율의 색 분포를 갖는 광원도 개발되고 있다.

11. 색을 감지하다

• 간상세포와 원추세포

사람은 눈으로 사물의 색을 본다. 눈의 수정체는 렌즈의 역할을 하여 피사체의 모습이 안구의 뒤쪽에 자리한 망막에 맺히게 한다. 망막에는 명암을 구별하는 간상세포rod cells와 색을 구별하는 원추세포cone cells가 있는데 이 세포들이 피사체의 모습을 감지하여 뇌에 그 정보를 전달한다. 따라서 피사체의 모습과 색은 눈과 뇌의 작용이 만들어낸 결과라고 볼 수 있다.

눈의 망막을 이루는 간상세포는 원기둥 모양을 가지고 있으며 망막의 주변부에 위치해 있다. 색을 구별하는 역할은 없고 빛의 유무, 즉 명암을 감지한다. 간상세포는 한 개의 광자에도 반응할 만큼 민감하여 적은 빛의 양도 감지한다. 따라서 야간에는 간상세포가 시각의 대부분을 담당한다. 반면 원추세포는 원뿔 모양을 가지며 망막 전체에 퍼져 위치해 있고 색상을 감지하는 기능을 한다. 원추세포는 간상세포보다 빛의 감지 능력이 100배 정도로 낮아서 빛이 적은 밤보다 낮에 대부분의 시각 기능을 담당한다. 인간을 포함한 포유류 동물의 망막은 약 70% 정도가 간상세포로 이루어져 있고 나머지는 원추세포이다.

사람의 원추세포는 빨간색의 빛에 가장 민감한 L-원추세포, 초록색의 빛에 민감한 M-원추세포, 파란색의 빛에 민감한 S-원추세포로 이루어져 있다. L-원추세포는 빨간색 파장보다 긴 적외선의 빛은 감지하지 못하며, S-원추세포는 보라색보다 짧은 파장의 빛인 자외선은 감지하지 못한다. 빛을 받아들이는 각막과 수정체는 적외선과 자외선을 흡수해 망막을 보호한다. 따라서 우리가 볼 수 있는 빛은 파장 영역이 400~700nm인 가시광선이다.

만약 맑고 투명한 수정체가 혼탁하게 되는 백내장이 생겨 수술로 인공 수정체로 바꾼다면 빛을 흡수하는 파장 영역이 원래의 수정체와는 달라져 자외선의 일부가 망막에 도달하여 시각의 변화가 생길 수 있다. 그런데 수정체가 아닌 망막의 간상세포와 원추세포에 이상이 생겨 제 기능을 못 하면 심각한 시각장애를 가져온다. 특히 빛의 3원색이 되는 빨강, 초록, 파랑을 감지하는 원추세포가 선천적으로 또는 후천적으로 문제가 생기면 색의 구분이 잘 되지 않는 색맹을 초래한다. 색맹은 물질의 색을 구별하지 못하는 증상인데, 빨간색과 초록색을 구분하지 못하면 적록색맹, 노란색과 파란색을 구분하지 못하면 황청색맹이라고 한다.

빨간색과 초록색의 사과(위)가 적록색맹을 가진 사람이 보면 어두운 연갈색(아래)으로 보인다.[7]

• 사람과 동물은 다르게 본다

원래 포유류 동물의 시각세포는 흑백만을 구별했으나 파란색과 노란색만을 구분할 수 있는 2색형으로 진화했다. 인간을 포함한 영장류는 노란색을 감지하는 원추세포가 빨간색과 초록색에 민감한 세포로 분화되어 3색형 시각세포를 가지게 되었다. 영장류에게만 색깔 구별 능력이 특별히 발달한 이유는 생존을 위한 자연의 섭리 때문이었다. 수만 년 전 지구에 빙하기가 닥쳐 급격히 추워졌을 때 영장류는 생존을 위해 단백질이 풍부하고 소화가 잘 되는 붉은 색을 띠는 식물의 어린잎을 찾아 먹어야 했다. 빨간색을 구별하는 능력이 생겨 어린잎을 찾아 영장류는 생존해나갈 수 있었고, 가시광선 전체 또한 볼 수 있게

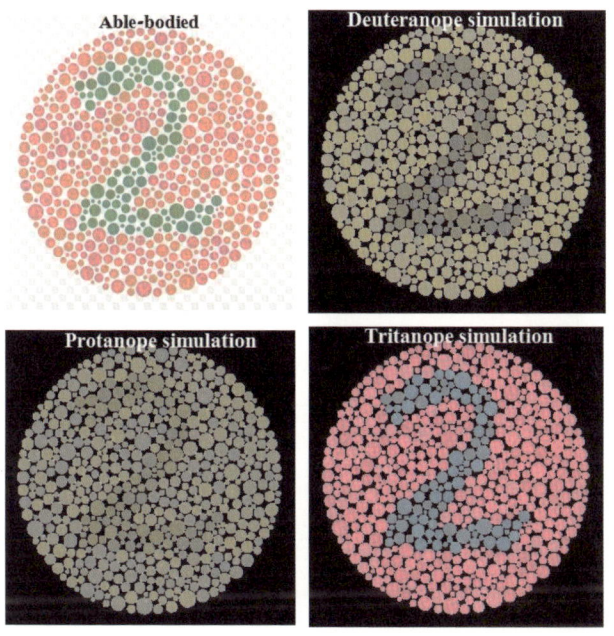

색맹을 검사하는 이시하라 테스트의 전산모사 결과(좌상에서 시계 방향으로 정상, 녹색맹, 적색맹, 청색맹)[8]

되었다고 한다.

반면 포유류 동물과 곤충은 망막을 이루는 간상세포와 원추세포의 기능이 영장류와 인간과는 다르다. 뛰어난 후각과 청각을 가지고 있는 개는 놀랍게도 심한 근시인데 냄새를 맡지 못하면 바로 앞에 있는 주인도 알아보지 못할 정도이다. 개의 눈에는 어둡고 밝은 것을 구분하는 간상세포는 많지만 색깔을 구분하는 원추세포가 매우 적어 완전한 색맹에 가깝다. 그래서 개에게는 세상은 온통 검은색과 흰색으로만 보인다. 개뿐만 아니라 대부분의 포유류는 색을 거의 구별하지 못한다. 포유류 중에서 색을 구별할 수 있는 동물은 인간과 영장류뿐이다. 투우사가 흔드는 정열적인 빨간색 깃발을 향해 소가 달려가는데 이는 색이 아닌 펄럭이는 움직임에 흥분하기 때문이다.

이와 반대로 시력이 좋기로 알려진 매의 눈에는 간상세포가 거의 없고 원추세포가 상대적으로 발달해 있다. 원추세포가 집중적으로 분포된 망막의 중앙에 위치한 황반이 한 눈에 2개씩 있다. 두 개의 황반이 있어 시야각이 넓고, 색을 구별하는 원추세포가 인간의 약 5배 정도로 많이 분포해 있어 사물을 또렷하게 볼 수 있다. 그러나 이런 매도 해가 지면 거의 장님이 되는데, 희미한 빛 아래에서 형태와 움직임을 포착하는 간상세포가 거의 없기 때문이다. 반면 밤에만 활동하는 올빼미 종류는 색을 구별하는 원추세포는 아예 없고 간상세포가 상대적으로 발달해 있다. 낮에는 보이는 것이 없어 활동하지 않다가 밤에는 어느 동물보다 잘 볼 수 있어 야행성 동물로 살아간다.

올빼미와 같은 야행성 동물로 고양이를 빼놓을 수 없다. 고양이는 독특하게도 다른 동물과는 달리 세로로 된 길쭉한 눈동자를 가지고 있다. 가늘게 수축되는 눈동자는 아주 미세한 빛을 모을 수 있고 명암도 뚜렷하게 한다. 그래서 고양이는 어둠 속에서도 자유로이 활동할 수 있다. 또 고양이는 망막 뒤에 희미한 빛을 최대한 감지하기 위한 거울과 같은 반사막이 있어 망막에서 흡수하지 못한 빛을 다시 반사한다. 고양이의 눈이 어둠 속에서 빛나는 것은 이 반사막 때문이다. 고양이나 올빼미는 인간이 볼 수 있는 빛의 100분의 1 정도만 있어도 사물을 뚜렷하게 구분할 수 있다고 한다.

우리가 볼 수 없는 세상을 보는 동물과 곤충이 있다. 색을 구분할 수 있는 포유류는 인간과 영장류인 원숭이 종류밖에 없는데 놀랍게도 곤충 중에서 색깔 구분이 가능한 것들이 있다. 겹눈을 가진 곤충들은 거의 다 색을 구분하는 능력이 있다. 대표적인 곤충으로 벌이 있는데, 벌은 색을 볼 수 있지만 노랑, 초록, 파랑 등의 세 가지 정도의 색만 구별한다. 여러 개의 작은 눈인 홑눈ommatidium들이 모인 겹눈compound eye은 홑눈이 보는 장면을 모자이크처럼 모아 하나의 상을 만들어준다. 파리는 약 3천 개, 나비는 약 1만 5천 개, 잠자리는 3만 개가 넘는 홑눈으로 되어 있으며 낱눈이 많을수록 상을 더 또렷하게 볼 수 있다.

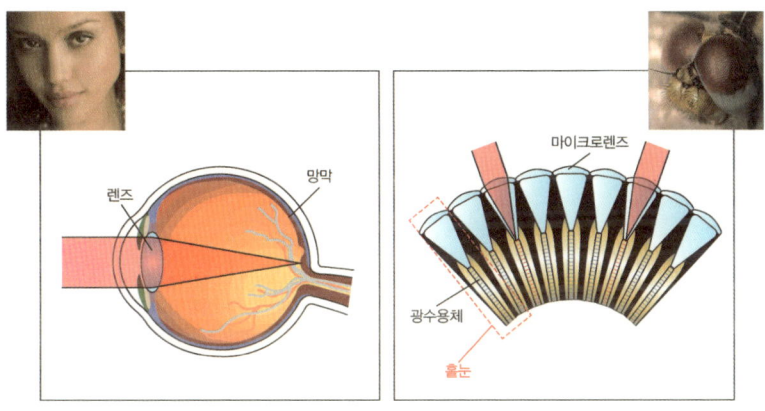

인간의 눈과 홑눈이 모인 곤충의 겹눈[9]

한편 곤충과 동물들은 사람들이 볼 수 없는 적외선이나 자외선을 볼 수 있는 능력이 있다. 뱀은 적외선을 감지하는 눈을 가지고 있는데, 사람을 보면 입은 옷은 투시하고 몸에서 나오는 열을 감지하여 몸의 윤곽만을 본다. 뱀과는 다르게 여러 곤충들은 인간이 보지 못하는 자외선을 감지할 수 있다. 그래서 곤충들은 흐린 날씨에도 자외선을 감지해 위치를 쉽게 찾아내는데, 특히 나비와 꿀벌은 꽃의 꿀샘에서 반

087

사된 자외선을 잘 본다. 꽃은 꽃가루의 수정을 위해 자외선을 볼 수 있는 나비나 꿀벌에게 자외선으로 신호를 보내는 것이다.

최근 자연계에 존재하는 겹눈의 구조를 연구하고 이를 모방하는 연구가 활발하다. 작은 개체들인 곤충의 독특한 영상 획득 방법에 대한 이해로 겹눈 카메라의 개발로 이루어지고 있다. 특히 겹눈이 가지는 넓은 광각과 장점을 이용해 전 방위 물체 감지 센서에서부터 이를 이용한 자율자동차, 로봇, 초광각 내시경 등 다양한 분야에 응용하고자 노력 중이다.

12. 색을 착각하다

우리는 사물의 형상과 색을 눈이라고 하는 감각기관을 통해 인지한다. 엄밀하게 말하면 안구 내부의 뒤쪽에 위치한 망막의 시각세포를 통해 얻은 사물의 시각 정보를 뇌에서 처리하여 사물의 모양, 밝기와 색상을 구분하는 것이다. 시각세포는 빛을 인식할 수 있도록 빛 신호를 전기 신호로 바꾸어주는 역할을 한다. 간상세포를 통해 사물의 명암을 구별하고 어두운 곳에서 사물을 감지한다. 원추세포를 통해서는 사물의 색상을 구별하고 밝은 빛을 감지한다.

사물에 비친 빛 중에서 일부 특정한 파장의 빛은 흡수되고 나머지 파장의 빛이 반사되거나 투과된다. 사물마다 반사되거나 투과되어 나오는 빛의 파장이 달라 그 색상이 다르고 또한 빛의 세기도 달라 형체를 구분할 수 있는 것이다. 그런데 빛과 사물 간의 광학적인 상호작용의 결과로 우리 눈으로 들어온 사물의 모습이 시각세포를 통해 뇌에서 인식될 때 실제의 모습과 완벽하게는 일치하지 않는다. 시각세포의 분해능과 뇌의 인지속도에는 한계가 있기 때문이다. 특별히 사물의 배치와 형상에 따라 우리 뇌에서 사물이나 현상을 있는 그대로 보지 못하는 착각을 일으킬 때가 있다. 이러한 현상을 착시 optical illusion 라고 하는데, 착시 현상은 눈을 통해 감지된 시각 정보를 뇌에서 처리하는 과정 중에 생기는 뇌의 착각이라 할 수 있다. 이러한 눈과 뇌로 인한 착각은 사람뿐만 아니라 포유류 동물에서도 일어난다.

• 물리적 착시

눈이 일으키는 착시에는 사물의 형상을 인지할 때 사물 간의 명암과 색상 등 특정한 시각정보로 인한 물리적(생리적) 착시 physiological illusion 와 눈으로 받아들인 시각정보의 뇌 인식 과정에서 일어나는 인지적 착시 cognitive illusion 로 크게 나눌 수 있다. 보지 않아도 있는 것처럼 보이는 잔상효과나 같은 밝기의 색이 주위의 배경에 따라 더 어둡거나 또는 더 밝게 보이는 것이 물리적 착시 현상의 가장 대표적인 예다. 또한 사물의 길이와 크기, 방향, 기울기 등이 특정한 조건에서 실제의 모습과 현저하게 다르게 보이기도 한다.

이러한 물리적 착시 현상은 반복되는 형상이나 특정한 시각 자극이 인지 과정의 초기 단계에서 생리학적인 불균형 때문에 일어난다고 알려져 있다. 명암 대비가 뚜렷한 시각 정보를 받으면 망막에 있는 명암을 감지하는 간상세포들의 경계면에서 자극의 수용이 억제되어 착시가 발생한다고 한다. 흰색 선이 교차하는 경우 교차하는 부분은 흰색 자극이 억제되어 오히려 회색이나 어두운색으로 보인다.

시각의 착시 현상을 거꾸로 유용하게 이용한 경우도 많다. 순백색의 웨딩드레스는 오히려 눈에 잘 띄지 않아 아주 옅은 베이지의 천을 이용해 만든다. 서로 다른 정지된 사진을 빠르게 연속해서 보여주면 우리의 뇌는 연속된 움직임으로 인식해 실제 움직이는 것으로 착각하게 된다. 동영상으로 보는 영화나 애니메이션 등이 이러한 잔상효과를 이용한 것이다.

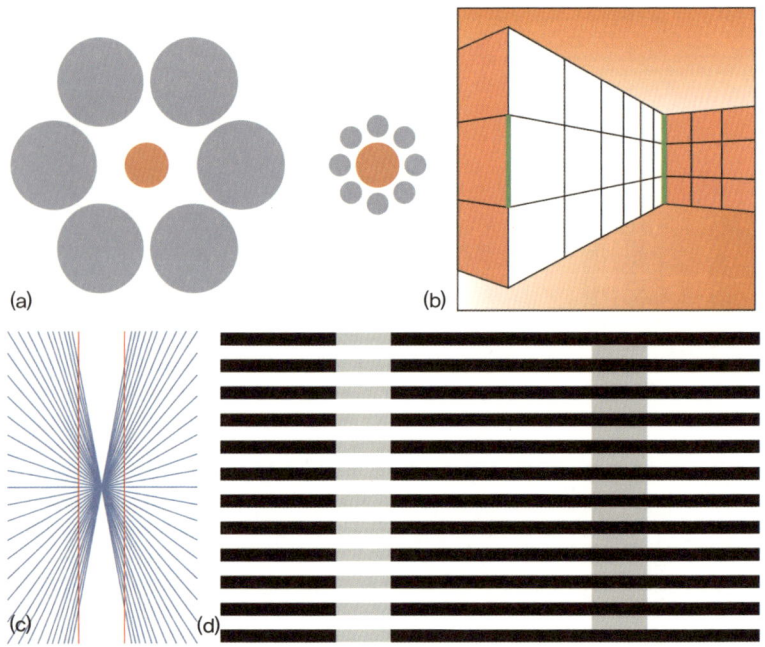

물리적 착시의 예. (a) 중앙에 있는 황색의 같은 크기의 원이 주위에 있는 원의 크기에 따라 달리 보인다. (b) 원근법을 보여주는 주변의 사선 때문에 같은 길이의 초록색 선이 달리 보인다. (c) 평행한 두 수직선이 바깥쪽으로 휘어져 있는 것처럼 보인다. (d) 왼쪽에 있는 검은색 사이의 회색과 오른쪽에 있는 흰색 사이의 회색은 같은 색이지만 밝기가 현저하게 달리 보인다.

최근 우리 눈의 착시 효과를 이용하여 교통사고를 예방하기 위한 방법으로 특이한 횡단보도를 그려 설치한 곳이 있다. 횡단보도를 3D 형태로 그린 것인데 운전자가 보면 횡단보도에 흰 돌판을 놓은 것 같은 착시를 일으켜 눈에 확 들어온다. 일반 횡단보도보다 멀리서도 잘 보이고, 턱이 생긴듯한 착시 효과를 주어 운전자들의 주의를 환기시키는 효과가 있다.

착시 효과를 이용한 입체로 보이는 횡단보도[10]

• 인지적 착시

물리적 착시 현상과는 달리 사물이나 그림을 볼 때 서로 다른 형태로 인식하거나 두 가지 이상의 전혀 다른 형상으로 인식하는 것을 인지적 착시 현상이라고 한다. 이는 눈으로 받아들인 시각 정보를 뇌가 처리하는 과정에서 시각 정보를 무의식적으로 추론하여 능동적으로 해석하기 때문에 발생한다. 인지적 착시 현상의 예로 잘 알려진 것은 보기에 따라 오리나 토끼로 보이는 그림, 노파나 젊은 여인으로 보이는 그림, 꽃병 또는 두 명의 옆얼굴로 보이는 그림 등이다. 눈 녹은 벌판을 찍은 평범한 흑백의 사진이 예수님의 모습으로 보이는 그림도 인지적 착시 현상의 하나라고 할 수 있다.

한 번 오리로 보이면 계속 오리로 보이고, 눈 녹은 벌판이 한 번 예수님으로 보이면 계속 예수님이 나타나 보이는 이런 현상은 대상을 익숙한 방식으로 바라보려는 우리 뇌의 경향 때문이다. 똑같은 대상이라도 보는 관점에 따라 뇌는 다르게 해석한다. 두 가지 이상의 전혀 다른 형상으로 인식되는 이러한 착시 현상은 인간의 인지가 전체적인 것을 종합적으로 판단하려는 경향 때문이라고 심리학자들은 설명한다.

사물에서 나오는 시각 정보를 인간의 눈으로 빠르게 받아들여도 우리가 인지하게 되는 것은 전적으로 뇌의 판단에 달려 있어 약간의 시간 차가 생긴다. 망막에 있는 시각세포에 전달된 사물의 모습이 시신경을 거쳐 뇌의 감각피질에 전달되는 데까지 걸리는 시간은 약 0.1초 정도로 알려져 있다. 따라서 우리가 보고 있는 사물의 모습은 0.1초의

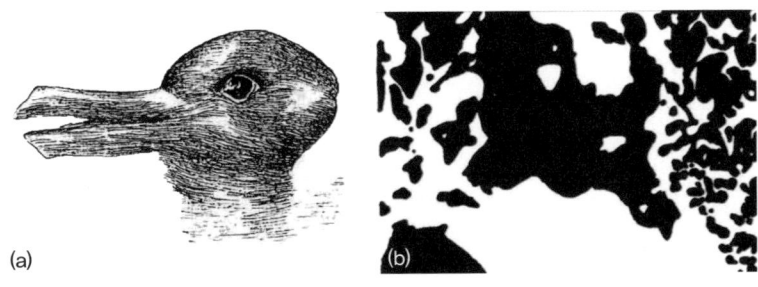

(a) 보기에 따라 오리나 토끼로 보이는 그림, (b) 눈 녹은 벌판 사진이 예수님의 모습으로 보이는 사진[11]

과거에 보았던 것이며, 이런 0.1초의 과거를 보충하기 위해 사람의 뇌는 순간적으로 미래를 추측하게 된다.

운동경기에서 심판이 오심하는 원인 중 하나도 이러한 인지적 착시의 일종이라 할 수 있다. 배드민턴이나 테니스와 같이 빠른 공이 경계선을 넘었는지 투수가 던진 볼이 스트라이크 존을 벗어났는지 심판도 육안으로 확인하기 어려운 애매한 상황에 닥칠 때가 있다. 이 경우 심판의 뇌는 순간적으로 과거에 경험한 경우를 비추어 상황을 해석하여 빠른 판단을 내리기 때문에 오심이 생긴다는 것이다. 최근에는 경기 영상을 되돌려 확인해 이러한 인간의 인지적 착시에 의한 실수를 바로잡아준다.

또 다른 착시로는 빠르게 회전하는 선풍기나 주행하는 자동차의 바퀴가 실제 회전과는 달리 느리게 회전하거나 또는 반대 방향으로 회전하는 것처럼 보이는 현상이다. 바로 '마차 바퀴 효과wagon-wheel effect' 또는 '스트로보 효과stroboscopic effect'라고 부르는 것인데, 빨리 회전하는 물체의 위치를 우리의 시각이 제때 쫓아가지 못해 생긴 결과이다. 사람의 눈은 정지된 화면을 1초에 약 12개까지 볼 수 있는 능력이 한계인데, 회전하는 속도가 이보다 빠르면 착각이 일어난다.

회전하는 기계가 많은 공장에서는 이런 마차 바퀴 효과로 바퀴가 정지하거나 느리게 돌아가는 것으로 착각해 사고가 일어날 수가 있다. 이를 미연에 방지하기 위해 깜박임이 없는 등이나 깜박임을 조절하는 등을 조명등으로 사용한다. 조명으로 사용하는 일반적인 광원은 고유의 주파수를 가지고 깜박이는데 우리 눈은 이것을 감지하지 못하고 연속적인 빛으로 착각한다. 만약 광원의 주파수를 조절해 우리 눈이 감지하는 주파수로 맞추거나 느리게 하면 인위적으로 전혀 다른 착각을 일으킬 수 있다. 다른 영상은 그대로인데 하늘에서 내리는 빗방울만 멈춰 있거나 빗방울이 거꾸로 올라가는 영상들은 모두 눈의 착각으로 일어나는 것이다.

13. 색을 바꾸다

자연에 사는 생물들은 주변 자연환경과 비슷하게 몸 색깔을 바꿔 천적으로부터 자신의 모습을 위장하며 보호한다. 생물들이 생존하는 데 중요한 역할을 하는 몸 색깔에는 보호색protective coloration과 경계색warning coloration이 있다. 보호색은 주변 자연의 색을 닮은 동물의 몸 색깔을 말한다. 풀, 나무, 바위 등과 비슷한 색으로 모습을 숨겨 자신을 보호하는 위장술의 한 방편이다. 경계색은 보호색과는 달리 주변 환경보다 오히려 눈에 띄게 내는 색을 말하며, 자신을 알려 상대 동물이 미리 접근하는 것을 방지하는 것이 목적이다.

• 보호색

야행성 동물인 표범은 낮에는 사냥한 먹이를 나무 위에 올려두고 먹으며 나무 그늘에서 휴식을 취한다. 나무껍질과 유사한 갈색과 검은색의 무늬를 가진 표범의 털은 천적인 다른 맹수로부터 몸을 숨기는 데 요긴하다. 물속에 사는 물고기도 보호색으로 자신을 보호하는데, 등 푸른 생선인 고등어는 천적인 갈매기의 눈을 피하기 위해 바닷물과 비슷한 푸른색 빛을 띤다. 산호초에서 사는 열대어는 알록달록한 색으로 몸을 숨기고 보호한다.

계절에 따라 달라지는 자연환경에서 살아남기 위해 동물들은 보호색을 바꾸기도 한다. 영하의 추운 지역에 사는 여우는 겨울에는 눈 속에서 모습을 감추기 위해 하얀색 털로, 여름에는 풀과 바위틈에 숨기 위해 갈색과 회색의 털로 털갈이하며 색을 바꾼다. 주변의 환경에 따라 순간적으로 보호색을 바꾸는 동물들도 있다. 나뭇잎과 바위 주변에서 연녹색 피부의 색을 갈색으로 바꾸는 청개구리, 바다의 돌 틈과 산호초 사이를 오가며 색을 바꾸는 문어, 자유자재로 색을 바꾸는 카멜레온 등이 그 예다.

문어는 근육과 연결된 색소 주머니를 이용해 보호색을 자유자재로 바꿀 수 있다. 주머니에는 빨강·노랑·갈색의 색소가 들어 있는데, 근육이 수축하면 해당 색소 주머니가 커지면서 문어의 피부색이 변한다. 색 변화가 문어처럼 다양하지는 않지만 오징어도 같은 원리로 색을 변화시킨다. 한편 카멜레온도 문어처럼 자유롭게 피부색을 바꿀 수 있는데, 주머니 대신 색소 세포를 가지고 있다는 것이 다르다. 카멜레온의 색소 세포는 온도와 빛의 세기 등에 따라 반응을 달리하는데, 색소 세포가 팽창하면 피부색은 진해지고, 수축하면 연해진다고 알려졌다. 최근에는 카멜레온의 피부조직을 이루는 결정의 구조가 빛의 간섭 현상을 일으켜 색을 다르게 나타내는 것으로 알려지고 있다.

2015년 스위스 제네바대학의 연구 결과에 의하면 카멜레온의 피부색 변화는 색소와는 무관하며 피부세포의 결정 구조가 변화함에 따라 빛의 반사 파장이 달라져 일어난다는 것이다. 카멜레온의 피부에는 빛을 반사하는 층이 2개 있는데 피부를 당기거나 느슨하게 하는 방법으로 색을 바꾼다고 한다. 바깥 반사 층의 피부세포 중 세포질에 있는 홍색소포iridophore에 있는 구아닌guanine 나노결정은 피부에 힘이 가해지면 그 격자구조가 바뀐다. 나노결정은 특정 파장의 빛만 선택적으로 반사하는데, 격자구조가 바뀌면 반사광의 파장도 달라져 피부색이 다르게 보인다. 즉, 카멜레온의 피부가 화려하게 변화하는 이유는 색

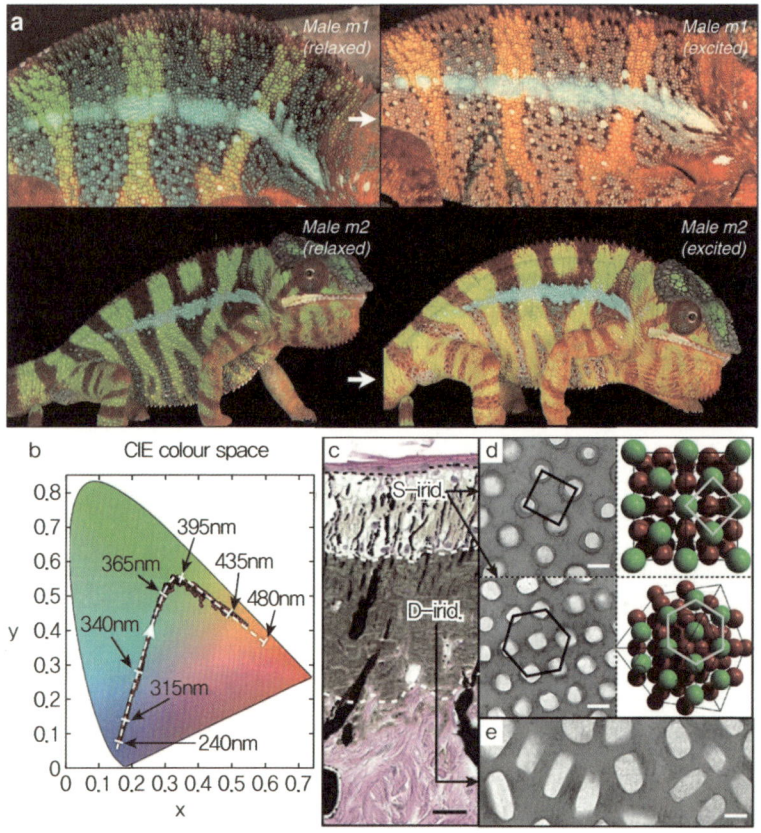

피부세포의 결정구조 변화에 따른 카멜레온의 피부색 변화. 수컷은 초록색 피부를 노란색이나 주황색으로 바꿔 과시를 하며 암컷에게 구애를 한다.[12]

소 없이 빛의 간섭 현상으로 나타난다는 것이다. 다른 종류의 도마뱀에서도 같은 원리로 색 변화가 일어남이 밝혀졌다.

• 경계색

한편 보호색으로 색을 바꾸는 동물과는 달리 경계색을 나타내는 동물로는 얼룩말, 무당개구리, 무당벌레 등이 있다. 얼룩말에 있는 흰색과 검은색의 줄무늬는 상대 동물의 시선을 뺏어 몸 전체를 파악하기 어렵게 한다. 얼룩말의 줄무늬는 태양 빛을 반사하는 흰색과 흡수하는 검은색으로 이루어져 뜨거운 초원에서 체온을 유지하게 하는 역할도 한다. 무당개구리 배에 있는 빨간색과 검은색의 무늬가 어우러진 경계색은 다른 포식자에게 독이 있다는 사실을 알리는 역할을 한다. 무당벌레는 화려한 색 바탕에 까만 점들로 이루어진 경계색으로 자신을 보호하며, 이와 함께 악취를 풍기는 노란색 물질을 분비하여 천적을 멀리하게 한다.

경계색은 종족 본능을 위해 유달리 화려한 색과 특이한 모습을 가진 동물에게서도 발견된다. 일반적으로 척추동물은 대체적으로 암컷 쪽이 보호색 형질이 나타나는데 자신과 새끼들을 천적으로부터 보호하고 살아남기 위해서이다. 반대로 수컷은 화려한 색으로 치장하는 경우가 많은데, 이는 암컷을 유혹하여 종족을 이어가려는 본능 때문이다. 공작새나 꿩이 경계색을 이용한 대표적인 동물이다.

• 퀀텀닷을 이용한 색변환

물질에 빛을 비추면 파장에 따라 빛의 일부는 흡수되고 나머지는 반사되거나 투과한다. 반사하고 투과하는 파장의 빛이 우리가 보는 색이다. 일반적으로 물체에 빛을 비추면 물체 내부에 있는 색소(대부분 전이금속 이온)의 전자들은 바닥 상태ground state에서 여기 상태 excited state로 들떠 올라가는데 이것이 빛이 흡수되는 과정이다. 전자가 이동한 에너지 준위의 차이에 해당하는 만큼 특정한 파장의 빛이 흡수되는 것이다. 이 에너지 차이가 우리가 보는 색을 결정하는데, 흡수되지 않고 투과되거나 반사되는 나머지 파장의 빛이 우리가 보는 색이다. 따라서 물질 내부에 함유되어 있는 금속 이온의 종류가 달라지면 에너지 준위가 달라진다. 에너지 준위의 차이가 다르면 흡수되는 파장이 다르게 되고 따라서 나타나는 색 또한 달라지는 것이다.

이온 상태로 존재하는 금속을 나노 크기의 입자로 변환시켜 빛의 흡수를 달리하여 색을 바꾸는 방법도 있다. 실내에서는 맑고 투명한 유리인데 야외에 나와 햇빛을 받으면 회색이나 검은색으로 변하는 광변색 유리photochromic glass가 대표적인 예이다. 빛을 이용해 금속 이온에게 전자를 여분으로 공급하여 금속 이온을 아주 미세한 금속 입자로 만드는 것이다. 은 이온$^{Ag^+}$과 세륨^{Ce} 입자가 함유된 유리에게 자외선을 비추면 세륨은 세륨 이온$^{Ce^+}$과 전자로 분리되고, 떨어져나온 전자는 은 이온과 결합해 은 입자로 환원된다. 은이 이온으로 존재할 때는 무색으로 투명하였다가 나노미터^{nm}의 작은 은 입자로 되면 가시광선을 흡수해 우리 눈에 검게 보인다. 만약 에너지의 공급원인 자외선이 더 이상 비치지 않으면 은 입자는 전자가 떨어져나가 원래의 은 이온으로 돌아가고 떨어져나간 전자는 세륨 이온과 만나 세륨 입자로 변한다. 세륨 입자는 가시광선의 흡수가 거의 없고, 은은 이온으로 존재하여 다시 무색투명한 유리로 바뀌는 것이다. 이러한 광 변색 유리는 1,960년대에 개발되어 고급 선글라스로 많이 사용되고 있다.

최근에는 자외선을 받으면 분자구조가 바뀌어 빛을 차단하고 자외선이 없으면 원래의 구조대로 돌아가는 광 변색 기능을 가진 고분자 소재가 선글라스 재료로 유리를 대체해나가고 있다. 이러한 빛에 의한 변색 외에도 전기, 열, 압력, 자기장을 가해 물질의 물리적·화학적 변화를 만들어 변색을 일으킬 수 있다. 변색 현상을 이용한 소재를 이용해 최근에는 스마트 윈도우나 빛을 이용한 저장 장치나 광센서 등에 응용하고 있다.

또 다른 방법으로 금속 이온의 원자가나 이온의 종류를 바꾸지 않고 전자의 에너지 준위를 변화시키면 색도 바꿀 수 있다. 색소가 되는 물질의 결정구조가 바뀌어도 광흡수 파장의 변화가 일어나 색이 달라진다. 앞에서 설명한 카멜레온의 색 바뀜도 피부에 있는 색소의 결정구조가 달라져 일어난 것이다. 결정구조의 변화가 아닌 또 다른 방법으로도 가능한데, 빛을 흡수하는 물질의 크기를 바꿔서 에너지 준위를 바꾸는 것이다.

물질은 그 크기가 수 나노미터로 아주 작아지면 에너지 준위의 위치가 달라진다. 이러한 물질을 양자점 또는 퀀텀닷^{QD, Quantum Dot}이라고 부르는데, 같은 물질의 양자점이라도 그 크기가 달라지면 에너지 준위의 폭인 밴드 갭도 달라진다. 따라서 양자점을 함유한 물질에 빛을 조사하면 밴드 갭의 크기에 따라 흡수되는 빛의 파장도 다르다. 양자점의 크기가 작을수록 밴드 갭의 폭이 넓어져 발광하는 빛의 파장은 짧아진다. 양자점은 같은 물질이라도 그 크기에 따라 색을 다르게

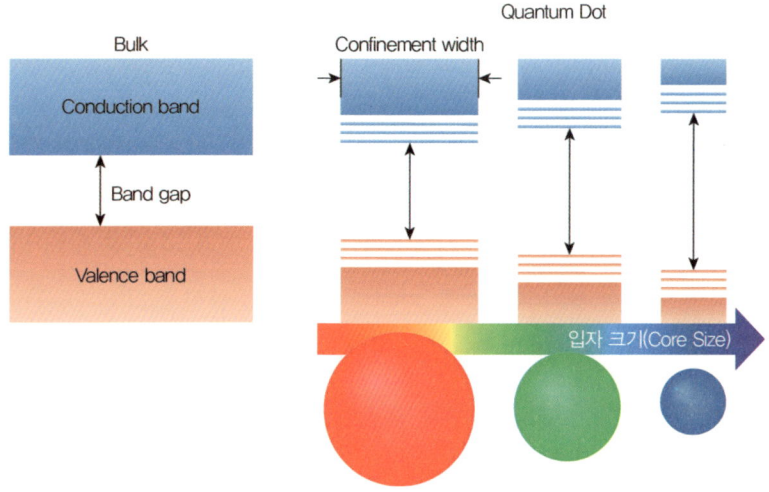

같은 물질의 퀀텀닷이라도 그 크기에 따라 밴드 갭 에너지가 달라져 파장이 다른 색이 나온다.[13]

낼 수 있어 새로운 개념의 화소를 만드는 데 유용하다. 양자점의 대표적인 물질로는 화합물 반도체인 InP과 ZnSe이며, 이런 양자점을 이용해 디스플레이 제품으로 만든 것이 퀀텀닷 TV라고 하는 것이다.

14. 색으로 병을 치료하다

• 색맹과 색약 치료

눈의 망막에 있는 시신경 세포에 이상이 생기면 식별할 수 있는 색의 전부 또는 일부를 구분하지 못한다. 이를 색각이상이라고 하는데 일반적으로 색맹color blindness과 색약color weakness이라는 증상으로 나타난다. 사람의 망막에 있는 원추세포는 약 700만 개가 있다고 하는데 빛의 3원색인 빨강과 초록, 파랑의 가시광선을 감지한다. 세포의 바깥

부분이 원뿔 모양으로 생긴 원추세포는 빛을 감지하여 신경 신호로 바꾸어주는 역할을 한다.

원추세포는 민감하게 반응하는 빛의 파장 영역에 따라, 긴 파장에 민감한 L-원추세포(570~590nm), 중간 파장에 민감한 M-원추세포(535~550nm) 그리고 짧은 파장에 민감한 S-원추세포(440~450nm)로 이루어져 있다. 각기 다른 파장 영역의 색을 각각 구별하는 세 종류의 원추세포는 색의 배합 비율에 따라 다양한 색을 감지한다. 한 종류의 원추세포는 약 100가지의 농담濃淡을 구별할 수 있어 약 100만 가지의 색을 구별할 수 있다.

녹색에서 황색까지의 파장을 구별하는 M-원추세포와 황색에서 적색을 구별하는 L-원추세포에 이상이 생기면 주로 색각이상의 원인이 된다. 이런 색각이상은 특정의 원추세포가 없는 경우는 색맹, 원추세포의 기능이 약한 경우는 색약으로 분류한다. 색맹은 3원색 중 특정한 색상을 완전히 감지하지 못하며, 색약은 색상의 감지는 가능하나 원래의 색과 다르게 보인다. 색맹 중 가장 흔한 경우는 녹색을 감지하지 못해 뇌가 인식할 수 없는 녹색맹과 적색과 녹색을 구분하지 못하는 적록색맹이다. 적색을 인식하지 못하는 경우는 적색맹, 청색과 황색을 구분하지 못하면 청황색맹이라고 한다.

일반적으로 가장 많은 색맹인 녹색맹은 녹색에서 황색의 파장 영역인 M-영역 원추세포의 이상으로 나타난다. 녹색맹은 적색과 황색을 거의 비슷하게 인식하고 녹색은 흰색으로 인식한다. 녹색을 식별하지 못해, 예를 들면 덜 익은 바나나와 숙성된 바나나를 구분하지 못한다. 적색맹은 적색을 인식하지 못해 생긴다. 이러한 색맹보다 더욱 심한 경우로는 세 종류의 원추세포 모두 기능 이상으로 색 자체를 인식하지 못하는 전수 색각이상도 있다. 전 색각이상자는 모든 사물이 흑과 백, 또는 회색빛으로 보인다.

색각이상은 많은 경우 선천적으로 유전에 의한다고 알려져 있고 여성보다 남성에게 많이 생긴다. 그 이유는 색을 인식하는 원추세포 유전자가 남성의 성염색체인 X-염색체상에 존재하기 때문이다. 색맹은 열성유전을 따르는데 X-염색체가 열성이면 색맹이 된다. 후천성인 경우에는 당뇨병에 의한 망막질환, 녹내장, 시신경염 등으로 색맹이 발생하기도 한다.

선천적으로 생긴 색맹을 치료하고자 동물의 망막에 인간의 광색소 유전자를 주입하는 등 의술적인 연구가 시도된 바 있으나 아직은 성공하지 못하고 있다. 그러나 빛을 이용한 기술로 색맹 증상을 완화할 수 있는 방법은 오래전부터 연구되었고, 많은 기술 진전이 이루어지고 관련된 제품이 출시되어 현재 사용되고 있다. 색맹에 대한 교정 가능성은 19세기 스코틀랜드의 물리학자 맥스웰James Clerk Maxwell, 1831-1879로부터 시작되었다고 한다. 빛은 모든 파장을 포함한 전자기파라고 밝힌 맥스웰은 특정한 파장의 빛을 인위적으로 가감하면 색을 더 명확히 구분할 수 있다고 주장하였다.

색맹인 사람의 원추세포는 빛의 파장에 따른 색을 섬세하게 구분하지 못하고 비슷한 색으로 감지한다. 따라서 연속적으로 위치하는 빨강과 초록, 파랑의 3원색 사이를 뚜렷하게 색의 경계를 만들어주면 원추세포가 색을 서로 다르게 감지할 수 있다. 색의 경계를 만들기 위해서는 빛의 특정 파장을 차단하는 필터를 사용하면 가능한데, 이를 안경처럼 만들어 착용하면 적록색맹에 효과가 있다. 미국의 엔크로마 Enchroma라는 특수 안경 제조업체는 2012년에 안경 유리에 금속원소를 첨가해 파장에 따른 필터 역할을 하는 특수한 선글라스를 개발하였다. 이 선글라스를 착용하면 색맹을 완화할 수 있지만, 실내에서는 사용할 수 없고 보라색은 구분하기 힘들다는 단점이 있다. 또 다른 미국의 특수 안경 제조업체인 크로마젠ChromaGen도 특정 파장의 빛을 걸러내는 필터 기능을 부여한 렌즈를 개발하여 시판하고 있다. 각기 다른 색상의 농도와 착색 부위의 크기에 따라 21가지 형태의 다양한 렌즈를 공급하고 있다.

색맹을 완화할 수는 있는 또 다른 방법은 색의 감도를 조절하여 보정하는 것이다. 원추세포가 감지하기 어려운 세기가 약한 색의 빛은 많이 투과시키고 과하게 감지하는 색은 적게 투과시켜 색을 보정하는 방법이다. 안경의 표면에 투과에 필요한 색을 가진 물질을 코팅하면 가능하다. 이렇게 색을 보정하는 특수 안경은 색약자용으로 개별 맞춤이 가능하다. 미국의 컬러뷰ColorView사의 제품이 대표적이며, 특정한 색에 반응하지 못하는 정도를 검사해 이에 맞게 코팅한 안경을 만들어 색을 보정하는 것이다.

특정 파장의 색을 차단한 필터를 사용하거나 색이 다른 코팅막을 입혀 만든 특수한 안경을 착용해 색맹을 완화하는 방법 외에 또 다른 방법이 있다. 안경을 착용하는 대신 영상의 색조를 바꿔 잘 볼 수 있게 하는 것이다. 모니터나 스마트폰을 통해 보는 사진이나 동영상을 원하는 색이 강조되도록 조정하는 것이다. 적색 색약인 경우 모니터에서 적색을 필요한 만큼 진하게 표현해 색을 보정한다. 녹색과 적색, 중간색인 노란색도 개개인에 맞춰 세밀한 보정이 가능하다.

가장 최근인 2020년 초에는 이스라엘의 텔아비브대학에서 나노미터 얇기의 아주 얇은 금속을 콘택트렌즈contact lens 표면에 입혀 색맹을 교정할 수 있는 기술을 발표하였다. 유리에 필터 기능을 넣어 색을 조절하는 기존의 방법이 아니라 나노 입자의 형상을 바꿔 광특성을 조절한다. 40nm 크기의 타원형 금$^{Au, gold}$ 입자를 이용해 빛과 입자 사이에 일어나는 표면 플라즈몬surface plasmon 현상을 적용한 기술이다. 금 입자의 크기와 형상을 바꿔 빛의 흡수와 산란이 일어나는 빛의 파장을 조절한다. 성능 실험 결과 색맹·색약자의 색 감지 능력을 이전보다 10배 이상 향상시킬 수 있었고, 색각이상자의 증상의 정도에 따라 맞춤 교정도 가능하다고 한다.

• **색채 치료**

색을 이용하여 병을 예방하고 치료하는 방법으로 최근 크로모테라피chromotherapy 또는 컬러 테라피color therapy(색채치료)라고 부르는 대체의학이 유행하고 있다. 다름 아닌 빛의 특정한 파장에 상응하는 인체의 반응을 유도하고 이를 이용하여 건강증진에 도움이 되도록 하는 요법이다. 색을 보고 느끼는 사람들의 심리와 인체의 상응관계에 대한 탐구는 동서양 다름없이 의학의 한 분야로 발전해왔다. 빛은 파장의 길이에 따라 다른 색으로 보이는데, 특정한 파장의 색을 통해 정서적 안정을 얻고 스트레스를 줄이는 치료법이며 이를 색채 치료라고 부른다.

색을 이용한 심리적 치료법은 기원전 3000년 이전의 고대 이집트와 인도로 거슬러 올라가서 찾을 수 있다. 오래전부터 이집트에서는 빨간색, 노란색 등의 색을 이용해 신체적·정신적 건강을 위한 치료법으로 사용하였다. 인도의 경우에는 무지갯빛을 나타내는 일곱 가지의 색이 각각 인체의 부위에 작용한다고 믿었고, 인체의 장기에 상응하는 '차크라chakra'에 일곱 가지 색을 이용하여 치료 효과를 얻었다고 한다. 빛이 치료의 효과가 있다는 것을 암시하는 내용은 성경에서도 찾아볼 수 있다. 기원전 500년경에 기록되었다고 알려진 구약성경의 말라기서The Book of Malachi에는 치료하는 광선을 받아 송아지처럼 뛴다고 하는 내용이 있다.

  색을 치료법으로 사용한 것 이외에도 색의 의미와 색의 심리적인 효과는 다양하게 삶 속에 녹아져 있다. 우리나라에서는 파란색, 빨간색, 노란색, 흰색, 검은색 등 다섯 가지 색을 오방색五方色, five colors이라 하여 각기 의미를 부여하고 일상생활 속의 가구나 의복 그리고 인테리어 등에 적용시켰다. 중국에서는 색을 정치적으로도 사용하였는데, 황제의 자리에는 빨간색을 신하의 자리에는 노란색·파란색을 사용하여 상명하복의 의미를 다졌다.

  색을 이용한 치료법의 한가지로 식욕과의 관계를 이용해 다이어트에 적용하기도 한다. 시각으로 인지한 색채 정보가 미각에 영향을 주어 식욕에까지 영향을 끼친다는 것이다. 예를 들어, 청색과 보라색은 독극물의 쓴맛이라는 선입관이 있어 식욕 저하에 효과를 준다는 것이다. 색을 통한 심리적인 안정과 정신적인 효과는 임상실험으로 고무적인 결과를 얻은 바 있다. 그러나 약한 장기나 장기에 상응하는 경혈에 특정한 색의 빛을 쪼이면 건강을 회복시킬 수 있다는 등의 물리적인 효과는 과학적으로 입증된 바가 없어 대체의학의 한 부문으로 인정받는 정도이다. 물론 색이 인체의 특정 부위 또는 장기와 연관되어 있다는 가정도 과학적으로 규명된 바는 없다.

최근에는 빛과 신체적인 변화에 대한 연구도 많이 진전되었다. 색을 가진 빛을 우리가 보게 되면 뇌의 시상하부視床下部, hypothalamus가 자극을 받아 체온과 혈압에 영향을 미치고 면역력도 높아진다고 한다. 또한 빛은 노화 현상도 더디게 한다고 알려져 있다. 미국에서는 교량의 채색을 빨간색에서 초록색으로 바꾸고 난 후 투신 자살률이 현저히 감소했다는 보고가 있었다. 일본의 경우 가로등 기둥의 색을 파란색으로 바꾼 후 범죄율이 현격히 떨어졌다고 한다. 운동경기를 할 때 입는 유니폼의 색 또한 경기력에 영향을 미친다는 연구 결과도 발표되었는데, 빨간색은 승부욕과 에너지를 높여줘 승률이 높았다는 것이 통계적으로 밝혀졌다.

우리가 느끼는 색에 따른 정서적인 효과를 간단하게 정리하면 다음과 같다.

- 빨간색red: 정열적인 색으로 우울한 기분이 들 때나 몹시 지칠 때 의욕과 자신감을 높여주며 원기를 불어넣어준다. 아드레날린adrenaline을 분비시키는 효과가 있어 혈압과 체온을 상승시켜주기도 한다. 동양에서는 생명을 낳고 지키는 힘으로 상징되며 토속신앙의 주술적 의미로 귀신을 쫓는 데 주로 사용한다. 예를 들면, 팥의 붉은색이 액을 막는다고 동짓날에는 팥죽을 먹고 간장을 담글 때는 빨간 고추를 띄운다.

- 주황색^{orange}: 빨간색처럼 따뜻하고 활발한 기운을 가져 상대에게 긍정적인 반응을 유발시킨다. 마음에 안정을 가져오며 남의 잘못에 관용과 용서하는 마음을 생기게 한다.
- 노란색^{yellow}: 열린 마음을 상징하며 외향적인 성향을 나타내어 결정장애나 의욕 저하를 겪을 때 도움이 된다. 두뇌활동을 자극해 창의력과 사고력을 키우는 데 좋다. 동양의 오행사상에서는 황색은 오행의 중앙을 상징하여 모든 색의 근원으로 숭상되었다.
- 초록색^{green}: 자연의 색으로 마음을 안정시키고 감정의 균형을 이루게 한다. 특히 스트레스를 받거나 우울감이 들 때 기운을 북돋워줄 수 있다. 의학적으로는 눈의 피로를 덜어주어 시력 증진에 좋다.
- 파란색^{blue}: 차가운 색으로 마음을 진정시키고 냉정한 평정심을 준다. 용기가 필요할 때와 불안감의 해소에 도움이 된다. 오행사상에서는 청색은 봄을 나타내며 창조, 불멸, 생명, 신생, 희망을 상징한다.
- 보라색^{violet}: 긍정적인 마음을 주고 슬플 때 도움이 된다. 뇌하수체腦下垂體, pituitary gland에 영향을 주어 이성과 감성이 동시에 필요할 때 좋은 영향을 준다.
- 흰색^{white}: 오방색의 하나로 모든 색의 빛이 합쳐진 색이다. 순수함을 나타내며 정적이며 긍정적인 마음을 갖도록 한다. 무無의 상징이므로 과도한 사용은 피해야 좋다.
- 검은색^{black}: 오방색의 하나인데 모든 색이 합쳐진 색이다. 어둠을 나타내며 계절로는 겨울을 나타낸다.

이러한 색을 이용한 치료법이 최근에는 집의 인테리어interior design
에도 응용되고 있다. 공부에 집중해야 하는 학생들의 방은 초록색이
나 파란색으로, 달콤한 신혼부부의 방은 핑크pink나 빨간색으로 꾸미
는 것이다. 또 다른 응용은 여러 색의 무드등mood lamp을 가지고 감정
조절에 이용하는 것이다. 색 조명을 사용하여 일정 시간 동안 보게 하
는 것인데, 일과를 마치고 편안하게 쉬고 싶을 때는 파란색 등을, 화가
났을 때는 주황색 등을 켜서 관용의 마음을 갖게 하는 것 등이다.

동양에서는 색을 음양오행의 철학사상에 따라 나누었다. 우주 만물
과 자연의 현상은 음양과 오행에 의해 변화한다고 보았다. 음지와 양
지, 밤과 낮, 땅과 하늘, 여자와 남자, 차가움과 따뜻함 등의 음양으로
대립된 상태는 균형과 조화가 중요하다는 우주관이다. 오행은 우주
만물은 나무木, 불火, 흙土, 쇠金, 물水 등 다섯 가지 원소로 이루어져 있
고 이것들의 기운이 만물을 변화시킨다고 하는 사상이다. 목화토금수
로 표현되는 오행사상은 태양 주위를 도는 행성에게도 같은 이름을 붙
일 정도로 영향이 컸다. 반면 서양에서는 세상은 불fire, 흙earth, 물water
과 공기air 등 네 가지 원소로 이루어져 있다고 하는데, 동양에서 말하
는 나무와 쇠가 없는 대신 공기가 들어가 있다.

파란색青, 빨간색赤, 노란색黃, 흰색白, 검은색黑의 다섯 가지 색을 오
방색 또는 오방정색五方正色이라 하고, 각각의 중간색인 초록색綠, 주홍
색朱紅, 벽색碧, 자색紫, 유황색硫黃을 오방간색五方間色이라고 부른다. 중
앙에 위치하는 가장 귀한 색인 노란색을 기준으로 동쪽은 파란색, 남
쪽은 빨간색, 서쪽은 흰색, 북쪽은 검은색이 위치하여 다섯 가지 방향
인 오방이 설정되고, 다섯 가지 방향에 따라 정해진 오방정색의

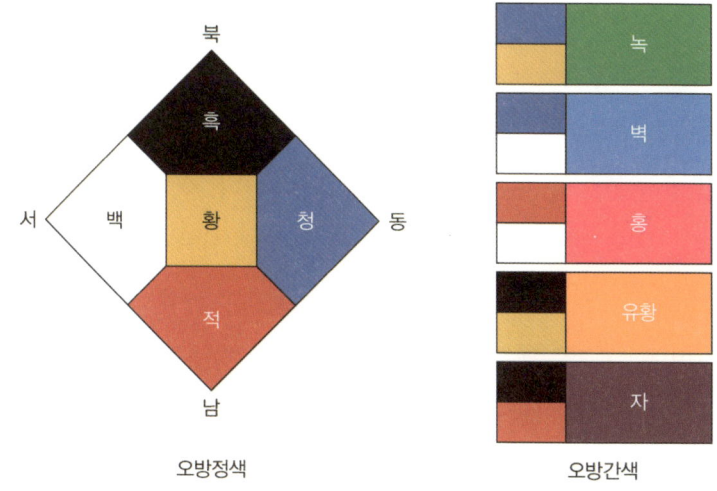

음양오행설에서 유래한 방위에 따른 오방정색과 오방정색을 섞어 만든 중간색인 오방간색[14]

상관관계로 중간색이 나온다. 오방정색은 양의 기운, 오방간색은 음의 기운을 가진다고 하며 이 열 가지 색을 가장 잘 표현한 것이 우리나라 궁궐이나 사찰 등 전통한옥의 기둥과 처마에 칠하는 단청丹靑이다.

우리나라 전통 혼례식 때 신부의 이마와 뺨에 동그랗게 바르는 빨간색의 연지곤지가 나쁜 기운을 몰아낸다고 한다. 연지곤지는 연지와 곤지의 합성어인데 연지는 붉은 빛깔의 염료를 말하며 연지로 점을 찍은 것을 곤지라고 한다. 잡귀나 전염병을 물리칠 때 이 붉은 염료인 연지를 몸이나 물건에 바른다. 붉은색은 혼례 때의 활옷, 혼례상과 예단에 쓰이는 보자기와 종이, 금침에도 사용했는데 이 역시 액을 물리친다는 붉은색이 가지는 주술적인 힘 때문이다. 명절에 입는 색동옷은 오방정색과 오방간색의 조합으로 만들어져 무병장수를 기원한다고 알려져 있다. 또한 궁중음식으로 대표되는 우리의 전통음식은 오방색의 조화를 중시하여 색을 맞춰 장만하였다.

또한 음양오행설에 따르면 다섯 가지 오방색은 우리 신체의 장기인 육장육부와도 연관이 있으며 약한 장기와 관련된 색을 비추거나 옷 색깔을 맞춰 입으면 건강을 회복할 수 있다고 한다. 색과 관련된 육장과 육부는 각각 파란색木은 간과 쓸개, 빨간색火은 심장과 소장, 노란색土은 비장과 위와 삼초, 흰색金은 폐와 대장, 검은색水은 신장과 방광이다. 따라서 오장육부와 관련된 경혈을 따라 해당하는 색의 빛을 비추거나 색 테이프를 붙여 치료한다.

• 생체포톤

색을 이용한 건강증진과 병의 치료에는 이전부터 빛의 심리적인 효과와 대체 의학적인 요소 때문이라는 의견이 대부분이었다. 빛을 병의 치료에 이용하는 나름의 체계적인 의술은 덴마크의 의사인 핀센 Niels Ryberg Finsen, 1860-1904이 자외선을 천연두와 결핵을 치료하는 데 이용해 효과를 얻었던 1890년대로 거슬러 올라간다. 핀센은 병자의 전신을 햇볕에 쪼여 피부 루푸스lupus와 결핵의 병세를 호전시키는 방법 등 빛을 이용한 병의 치료 연구에 전념하였고, 1903년에는 충분한 과학적 근거가 없다는 논란에서도 노벨상을 수여받게 된다.

빛과 인체의 연관성이 과학의 영역으로 들어오게 된 계기는 생명체의 세포에서 생체포톤biophoton이라는 빛이 나온다는 것이 발견된 이후이다. 생체포톤에 관한 연구는 1920년대 옛 소련의 생물학자인 구르위츠Alexander Gavrilovich Gurwitsch, 1874-1954가 양파 뿌리의 세포분열이 빛photon에 의해 빨리 일어남을 발견함으로써 시작되었다고 할 수 있다. 그는 파장이 260nm인 자외선이 세포에서 발산되는 것을 관찰하였으나 당시에는 측정된 빛 에너지가 너무 작아 인정받지 못하였다. 제2차 세계대전 이후 광증폭기photo-multiplier가 개발되어 소련의 과학자들은 모든 생명체에서 가시광선 영역의 빛이 나옴을 재확인하였다. 그러나 일본과 미국, 호주의 몇몇 과학자들을 제외하고는 학계에서 관심조차 받지 못했다.

1978년에 독일의 물리학자 포프Fritz-Albert Popp, 1938-2018는 생명체의 세포는 미토콘드리아mitochondria에서 에너지를 공급받을 때 가시광선을 방출하며, 인체의 장기나 부위에 따라 파장이 다른 빛을 방출한다는 것을 발견하였다. 이후 전 세계적으로 지속된 유사한 연구로 생체포톤이 생명체에서 방출된다는 결과는 보편화된 사실로 받아들여지고 있다. 이젠 생체광자공학biophotonics이란 학문 분야로 발전되어 생명 현상을 규명하는 데 중요한 역할을 하고 있다. 세포의 분열, 세포들 간의 정보교환 등 생체 조직들의 거동에 빛이 중요한 역할을 하고 있다는 명제의 메커니즘을 밝히려 많은 노력을 경주하고 있으며, 이를 기반으로 의료 분야에의 응용을 위해 다각적으로 연구하고 있다.

빛을 이용한 질병의 치료는 실제 병원에서도 임상적으로 오래전부터 이루어졌다. 신생아의 황달jaundice 치료에 파란색의 빛을 비춰 낮게 하는 처방이다. 인도인들은 신생아가 황달에 걸리면 눈만 가린 채로 벌거벗겨 햇볕에 장시간 놓아두어 치료한다. 1958년 영국의 의사인 크래머Richard John Cremer, 1925-2014 박사는 신생아에게 파란빛을 쬐면 황달을 일으키는 간의 빌리루빈 수치가 낮아져서 황달이 치료되는 것을 알아내었다. 오늘날까지도 신생아 황달은 특별한 의학적인 치료 없이 파란색 빛을 쪼여 치료한다. 파란색 빛을 쪼이면 피부에 축적된 빌리루빈bilirubin이 그 형태가 변하여 담즙이나 소변으로 배설되어 혈액 내의 빌리루빈 농도가 감소하면서 황달이 호전되는 것이다. 인도인들은 가시광선의 파란색이 간과 서로 공명하여 황달을 치유한다는 것을 오래전부터 인도의 전승 의학인 아유르베다Ayurveda를 통해 알았다.

제3장

빛을 이용(利用)하다

15. 빛을 동식물도 만든다 • 114
16. 빛이 없으면 광합성도 없다 • 119
17. 빛의 화학반응을 이용하다 • 124
18. 빛으로 피부를 살리다 • 132
19. 빛으로 질병을 치료하다 • 137
20. 빛으로 몸속을 보다 • 150
21. 빛으로 단면을 보다 • 156
22. 빛으로 에너지를 보다 • 161

제3장
빛을 이용(利用)하다

15. 빛을 동식물도 만든다

어두우면 양초나 형광등을 켜서 불을 밝힌다. 옛날에 쓰던 등불이나 양초는 기름과 파라핀paraffin 등이 산소와 만나 연소가 되면서 빛이 나온다. 백열전구나 형광등은 전기를 켜서 불이 들어오게 한다. 빛을 만드는 모든 과정은 에너지의 변환으로 이루어진다. 물질이 연소되는 화학반응에 의한 열에너지가 빛 에너지로 바뀌거나 전기에너지가 빛 에너지로 바뀐 결과이다. 놀랍게도 이와 유사한 에너지 변환을 통해 빛을 만들어내는 생명체가 있다.

• **동물의 발광**

살아 있는 생명체가 빛을 내는 방식에는 두 가지가 있다. 하나는 스스로 빛을 만들어내는 발광luminescence과 또 다른 하나는 외부의 빛 에너지를 받아 다른 빛을 만들어내는 형광fluorescence이다. 우리가 여름날 밤 청정한 시골에서 볼 수 있는 개똥벌레라고도 하는 반딧불이firefly

가 내는 빛이 발광 현상bioluminescence의 대표적인 예다. 반딧불이는 짝을 찾기 위해 꼬리 부분에서 노란색의 빛을 내면서 날아가는데, 꼬리 속에 있는 발광 물질인 루시페린luciferin이 루시페라아제luciferase라고 하는 효소의 도움으로 옥시루시페린oxyluciferin으로 산화되면서 빛이 방출된다. 이때 에너지 변환효율이 높고 에너지 손실은 적어 열 발생이 거의 없다. 수컷은 2줄 암컷은 1줄의 빛을 반짝이는데, 짝짓기를 위해 서로의 위치를 알려주고 유인하는 역할을 한다. 반딧불이와 같이 열 발생이 거의 없는 냉광cold light을 내는 생물로는 민물달팽이, 발광해파리, 아귀, 크릴새우, 플랑크톤 등이 있다.

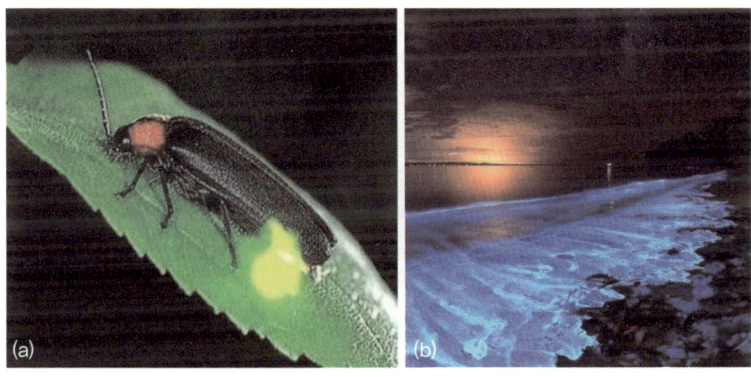

(a) 노란빛을 내는 반딧불이. (b) 플랑크톤이 내는 파란빛으로 물든 해변[1]

심해에 사는 아귀의 한 종류인 초롱아귀는 파란빛을 낸다. 머리에 뾰족한 침이 나와 있는데 그 끝에 달려 있는 에스카esca라고 하는 돌기에서 빛이 나온다. 실제로는 아귀가 빛을 내는 것이 아니라 돌기 안에서 공생하는 박테리아가 빛을 낸다. 아귀는 먹잇감을 유인하는 데 박테리아가 내는 빛을 이용하는 것이다. 또 다른 예로는 입에서 파란불을 내뿜는 카디날 피쉬cardinal fish라고 하는 물고기다. 이 경우도 물고기가 빛을 내는 것이 아니라 입에 품고 다니는 동물성 플랑크톤의 일종인 작은 갑각류 생물이 빛을 내는 것이다. 갑각류 생물이 물고기로부터 도망치기 위한 생존 전략인데, 물고기가 입으로 삼키려는 순간 빛을 냄으로써 놀라 뱉게 만들게 한다. 삼키게 되면 빛을 내는 물고기가 되어 오히려 천적에게 먹이가 되므로 뱉을 수밖에 없다는 것이다.

여러 가지 색의 빛을 내는 생물도 있는데 심해에 사는 오징어는 군청색, 푸른색, 붉은색, 흰색 등 무려 네 가지 빛을 낸다고 한다. 거미불가사리, 빛멍게 그리고 많은 종류의 심해에 사는 어류들도 빛을 내는 생물로 알려져 있다. 심해 생물이 빛을 내는 이유는 먹이를 잡고, 포식자로부터 방어하고, 상호 의사소통을 하기 위해서이다.

바닷물 속에는 빛을 내는 플랑크톤 등 아주 작은 발광생물luminescent creatures이 많이 살고 있다. 물고기가 지느러미를 움직이면 물리적인 충격이 발생하여 주변 바닷물에 전해지고 발광생물들은 물리적인 자극을 받아 빛을 발생시킨다. 어두운 밤바다에 돌고래가 지나가는 자리나 파도가 치는 해변에 파란 불이 물에 비쳐 보이는 것은 바로 이것 때문이다.

이러한 생물들의 발광 현상은 의학 분야에 응용되어 사용되고 있다. 해파리의 발광을 연구하던 일본의 해양생물학자인 오사무Shimomura Osamu, 1928-2018 박사는 초록색 빛을 내는 이쿠오린aequorin이란 물질을 해파리에서 추출해내고, 이 빛을 내는 물질이 녹색형광단백질GFP, Green Fluorescent Protein이라는 것을 발견했다. 이 GFP를 생물체의 체내에 넣고 자외선을 조사하면 형광색이 비치는데 이를 이용하면 체내 물질의 위치를 탐색할 수 있다. 2008년에 오사무는 이 GFP의 발견과 응용연구로 노벨 화학상를 받았다. 이러한 생물발광을 이용하여 암세포를 추적하는 방법과 형광 태그^{tag} 방법으로 수술을 하는 방법도 개발되었다. 최근 영국과 오스트리아에서는 GFP를 사용하지 않고 합성한 형광 단백질을 이용하여 암세포와 정상 세포를 각기 다른 색깔로 표지해 추적하는 기술을 개발하여 기술의 진보를 이루었다.

- **식물의 발광**

식물 또한 빛을 발생시키는 종들이 있다. 귀신버섯이라 불리는 야광버섯$^{glow-in-the-dark\ mushrooms}$이 대표적인 예인데, 1840년에 발견되었다가 자취를 감춘 후 2009년에 재발견되었다고 한다. 이 야광버섯도 반딧불이와 같이 루시페린의 산화 과정에서 빛을 내는 것으로 추측하고 있다.

동식물의 발광 현상이 규명된 이후 인공적으로 발광하는 식물을 개발하는 연구가 많이 이루어졌다. 1980년대에 반딧불이의 발광효소인 루시페라아제를 암호화한 유전자를 담배나무에 주입하여 빛이 나옴을 확인하였고, 2010년에는 세균 유전자를 이용한 유전자 변형 담배나무에서 희미한 빛이 나옴을 발견하였다. 2013년에는 인공적으로 발광이 되는 꽃과 나무를 개발하고자 하는 연구가 미국에서 시도된 바 있다. 반딧불이나 플랑크톤처럼 빛을 내는 생물에서 발광 유전자를 추출해 식물 종자에 삽입하여 빛나는 꽃과 나무를 개발한다는 것이었

낮과 밤에 찍은 야광버섯 사진. 밤에는 연초록의 형광 빛을 낸다.[2]

다. 농산물에 적용되어 유전자 변형 생명체GMO, Genetically Modified Organism 논란이 계속되는 또 다른 형태의 GMO가 탄생하는 것이다.

이전의 발광 연구가 한정된 기간의 발광에 그친 데 반해, 2020년에 들어와서 지속적으로 빛을 낼 수 있는 발광식물이 개발되었다. 영국과 러시아의 공동연구진은 발광 독버섯의 유전자DNA를 두 종류의 담배나무에 집어넣어 초록색의 형광빛을 내게 하는 데 성공했다. 유전자가 변형된 담배나무는 잎은 물론 줄기, 뿌리, 꽃 등 모든 부분에서 발광 현상이 일어났다. 나무가 어릴 때 빛의 밝기가 가장 컸는데 물체를 식별하는 데는 충분할 정도였다. 특기할 사항은 발광 유전자를 주입했어도 발아와 개화 등 식물의 성장과 특성에 부정적인 영향이 없었다는 것이다. 담배나무에 있는 발광 유전자가 카페산caffeic acid을 발광이 가능한 루시페린이란 물질로 바꿔준다는 것이 핵심적인 내용이었다.

카페산은 모든 식물에 있는 물질로서 식물의 세포벽을 단단하게 만들어주는 리그닌lignin 합성에 관여한다. 따라서 이 기술을 이용하면 이론적으로는 거의 대부분의 식물에 발광 기술의 적용이 가능한 셈이다. 발광식물 기술은 실내조명과 장식등에 사용할 수 있고 식물의 신진대사 과정을 추적하는 데 응용할 수 있을 것이다.

16. 빛이 없으면 광합성도 없다

• 식물의 광합성

식물은 태양 빛을 이용해 광합성photosynthesis이라고 하는 화학반응을 통해 새로운 형태의 에너지를 만들어낸다. 광합성은 직접 활용하기 어려운 빛 에너지를 생명체가 필요한 형태로 바꿔주는 반응이다. 광합성이 일어나려면 햇빛을 흡수해 물 분자를 분해하는 식물의 잎에 있는 엽록체chloroplast의 역할이 필수적이다. 엽록체의 구성 물질인 엽록소chlorophyll가 빛을 받아들이고 물 분자를 산소, 수소 그리고 전자로 분해한다. 산소는 공기 중으로 방출되고 수소와 전자는 공기 중의 이산화탄소와 만나 포도당glucose을 만들어낸다.

빛 에너지는 식물 잎의 앞면에 많이 분포하는 엽록체 속에 있는 색소로 전달된다. 색소의 한 종류인 엽록소가 대부분의 빛을 흡수하지만 함께 있는 카로틴carotene과 잔토필xanthophyll과 같은 색소도 빛을 흡수한다. 엽록소는 녹색 파장의 빛은 흡수하지 않고 반사해 대부분의 식물들이 녹색을 띤다. 카로틴과 잔토필은 각각 황적색과 노란색의 빛을 반사하는데, 잎이 병이 들거나 수명이 다해 엽록소가 파괴되면 황갈색의 단풍으로 보이게 하는 색소다.

엽록소가 받아들인 빛 에너지로 물H_2O은 분해되면서 전자와 산소O_2

를 방출한다. 엽록소 분자 하나는 광자 하나를 흡수하고 전자 하나를 방출한다. 방출된 전자는 에너지 저장 역할을 하는 NADPH와 ATP라고 하는 단백질을 만들어내는 데 사용된다. NADPH와 ATP는 공기 중의 이산화탄소CO_2와 결합하여 소위 캘빈회로Calvin cycle를 거쳐 식물의 에너지원이 되는 포도당$C_6H_{12}O_6$으로 바뀐다. 빛을 이용해 엽록소에서 NADPH와 ATP 단백질을 만들어내는 반응을 광의존적 반응light-dependent reaction 또는 명반응light reaction이라고 한다. 명반응에서 만들어진 NADPH와 ATP 단백질을 원료로 포도당을 만들어낼 때는 빛이 필요치 않아 광비의존적 반응light-independent reaction 또는 암반응dark reaction이라고 한다.

빛은 에너지를 가지고 있기 때문에 원소를 분해하고 결합하는 능력을 가진다. 빛 에너지의 크기는 파장이 짧을수록 커지는데, 자외선은 물을 분해할 정도로 그 세기가 크다. 식물은 일반적으로 3~6%의 광합성 효율로 빛 에너지를 화학에너지로 변환시킨다. 나머지 대부분은 열로 방출되며 1~2%는 형광으로 다시 방출된다. 지구촌에 사는 대부분의 동물은 식물들이 광합성의 결과로 배출한 산소를 마시며 살고 식물들은 동물들이 배출한 이산화탄소를 먹고 사는 셈이다.

• 인공 빛으로 가능한 광합성

만약 태양에서 오는 햇빛 대신 인간이 만든 인공의 빛인 형광등이나 반도체 발광소자인 LEDLight Emitting Diode에서 나온 빛으로도 식물은 광합성을 할까? 태양 빛은 가시광선과 적외선 및 자외선 등을 포함한 모든 파장 영역의 빛인 데 반해 인공 빛의 스펙트럼은 이것과는 다르다. 그러나 파장 구성은 다르지만 에너지를 가진 파동과 입자의 성질을 두루 갖춘 빛의 기본적인 특성에 비추어보아 광합성은 가능하다. 식물의 엽록소가 받아들이는 광합성에 적합한 파장의 빛을 내는 광원을 만든다면 햇빛 대신 이용할 수 있다.

식물의 엽록체에는 엽록소와 카로틴carotene 등 여러 색소 물질이 있지만 주로 엽록소가 빛을 흡수해 광합성을 일으키는 데 관여한다. 엽록소는 그 분자 구조에 따라 다섯 가지가 존재하지만 두 종류의 엽록소 chlorophyll(a, b)가 가장 많다. 이 엽록소들을 추출한 다음 빛을 조사하여 그 스펙트럼을 측정하면 빛을 받아들이는 광흡수 정도를 알 수 있다.

엽록소에 따라 광을 흡수하는 파장영역이 다른데, 엽록소 a는 420~670nm의 파장에서, 엽록소 b는 460~640nm의 파장에서 가장 많은 빛을 흡수한다. 따라서 빛을 많이 흡수하는 420~460nm 파장의

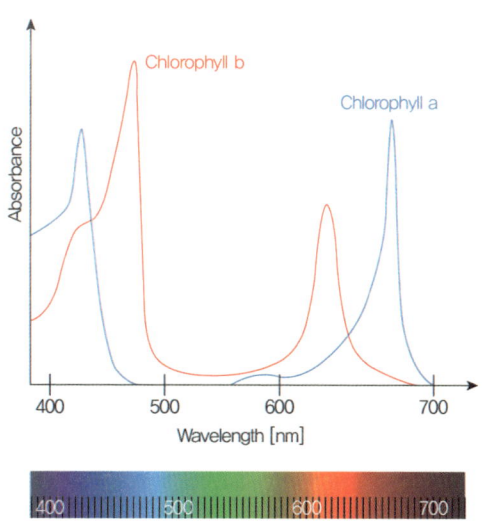

엽록체에 있는 두 가지 엽록소(chlorophyll a, b)의 광흡수 스펙트럼[3]

빛을 내는 청색 LED와 640~670nm 파장의 빛을 내는 적색 LED를 광원으로 사용하면 효율적으로 광합성을 일으킬 수 있다. 물론 형광등이나 흰색을 내는 LED도 광합성을 잘 일으키는 파장의 빛을 포함하고 있지만, 그 세기가 약해 광합성의 효율성은 떨어진다. 실제 이러한 결과를 바탕으로 청색과 적색의 LED 램프를 이용해 식물을 키우는 농장이 등장하였고, 가정에서도 채소를 키워 먹거리로 사용하기도 한다.

식물의 광합성은 엽록소가 받아들이는 빛의 파장뿐만 아니라 빛의 양도 중요하다. $1m^2$의 면적에 1초 동안 내리쬐는 빛의 양을 광합성에 필요한 광자밀도인 PPFD Photosynthetic Photon Flux Density라고 표현하며, 식물이 최소로 필요한 광보상점light compensation level과 더 이상 빛을 쪼여도 광합성이 증가하지 않는 광포화점light saturation point으로 나누어 구분한다. 예를 들어, 음지 식물인 인삼의 광보상점은 6 PPFD이고 광포화점은 145 PPFD인 데 반해, 빛이 많이 필요한 토마토와 수박의 광보상점은 36 PPFD, 광포화점은 837 PPFD에 달한다.

식물 생장용으로 특화된 LED는 1와트^{W}당 광합성에 필요한 400~700nm 파장을 포함한 빛의 총량으로 그 성능을 나타내는데, 최근 국내의 한 기업에서는 그 값인 광합성 유효 발광효율PE, Photon Efficacy을 3.10μmol/J까지 증가시킨 LED를 출시한 바 있다. 식물의 광합성을 돕는 고효율 LED는 햇빛이 없는 환경에서도 식물의 광합성을 높일 뿐만 아니라 실내 농장의 비용을 절감할 수 있다.

인공조명을 이용한 식물생장 기술은 도시화와 산업화에 따른 식물을 재배할 수 있는 땅의 감소와 늘어나는 인구의 증가에 대비한 차세대 먹거리 확보를 위한 고육책이자 새로운 산업으로 발전하고 있다.

LED 광원을 이용해 채소를 재배하는 남극의 세종기지의 식물공장[4]

농토가 아니더라도 도시의 건물에서도 작물을 재배할 수 있는 식물생장 기술은 식물공장vegetable factory으로 발전하고 있다. 도시농업urban farming이라고도 불리는 식물공장에서는 인공의 빛인 LED를 이용하고 온도, 습도 등을 조절해 계절과 기후에 관계없이 안정적으로 농산물을 기를 수 있다.

• 인공 광합성

인공 광합성artificial photosynthesis은 식물의 광합성을 모방해 필요한 물질을 생산하는 공정을 말한다. 식물은 광합성을 통해 포도당을 만들어내는 데 반해 인공 광합성은 수소, 일산화탄소, 알코올 같은 화학 연료를 만들어낸다. 햇빛과 이산화탄소를 원료로 사용하므로 온실가스를 줄일 수 있고 오염 물질이 발생하지 않는 장점이 있다. 기후변화를 일으키는 이산화탄소를 제거하고 부산물로 수소까지 생산할 수 있어 친환경 생산 기술로 주목받고 있다. 인공 광합성에는 광합성이 이루어지는 엽록소를 대신할 물질이 중요한데, 광촉매photocatalyst라고 하는 물질이 이 역할을 대신한다. 광촉매가 햇빛을 흡수해 물분자를 분해하면 산소, 수소, 전자가 발생한다.

빛 에너지가 광촉매를 통해 바로 화학에너지로 변환되므로 이 변환효율이 높은 광촉매의 개발이 관건이다. 그동안 인간이 만든 광촉매의 광화학에너지 변환효율은 자연이 만들어낸 식물의 엽록소보다 미미할 정도로 작다. 엽록소의 광합성 효율은 3~6% 정도이며 화학에너지로 변환되지 못한 나머지 빛 에너지는 주로 열로 방출된다. 이에 반해 인공 광합성의 효율은 극히 낮아 0.1%에도 채 미치지 못한다.

이 낮은 변환효율을 높이기 위해 많은 노력이 경주되고 있으며, 최근 한국의 과학자들은 빛 에너지를 인공 광합성에 이용하는 방법에서부터 태양전지를 통한 전기에너지와 빛 에너지를 함께 이용하는 방법 등을 제시하고 있다. 망간Mn, manganese을 이용한 광촉매에서 이산화티타늄TiO_2, titanium dioxide, 이리듐 금속iridium metal, 실리콘 태양전지silicon solar cell, 이리듐·코발트 합금iridium-cobalt alloy, 포피린-풀러렌 결정체porphyrin-fullerene crystal 등으로 광촉매 소재 부분에서 기술 발전을 이루고 있지만, 가격과 효율 면에서 아직 갈 길이 멀다고 할 수 있다.

17. 빛의 화학반응을 이용하다

물질에 흡수되지 않고 투과해 나가거나 반사된 빛은 물질 고유의 색을 나타낸다. 반면 물질에 흡수된 특정한 파장의 빛은 화학반응chemical reaction을 일으켜 물질에 변화를 가져온다. 빛에 의해 물질이 변한다는 사실은 햇볕에 종이나 옷이 바래고 피부가 그을리는 것을 보면 잘 알 수 있다. 빛을 흡수한다는 것은 물질 내의 전자가 빛 에너지를 얻어 높은 에너지 상태에 있게 된다는 것이다. 이런 전자가 물질을 분해되거나 다른 물질을 합성하는 등의 화학반응을 일으키기도 한다.

필름 작업을 하는 사진기의 경우, 사용하는 필름에는 미세한 은Ag, silver의 화합물 결정이 도포되어 있다. 사진을 찍을 때 빛에 노출된 필름은 화학반응을 일으켜 결정체가 은의 미세입자로 바뀌며, 영상의 밝기에 따라 그 입자의 양과 분포가 달라진다. 이 필름을 현상한 후 인화하면 사진이 된다. 공기 중의 이산화탄소와 물을 이용해 포도당과 산소를 만들어내는 식물의 광합성도 빛의 화학작용에 의한 결과이다.

• 피부 태닝

햇볕 중에 파장이 가장 짧은 자외선UV, Ultra Violet은 우리 눈에는 보이지 않지만 높은 에너지로 인해 인체에 많은 영향을 준다. 강한 자외선은 그 자체로 인체에 해를 끼치기도 한다. 여름날 강한 햇빛에 피부가 노출되면 자외선에 의해 검게 태워지고 심한 경우 화상을 입기도 한다. 자외선도 그 파장의 길이에 따라 크게 UVA(315~400nm), UVB(280~315nm), UVC(100~280nm)로 나눈다. 이 중 파장이 가장 짧아 에너지가 제일 큰 UVC는 생명체에 위협적인 빛인데, 다행히 지구의 오존층ozone layer과 대기에서 완전히 차단되어 우리에게 다가오지 않는다.

UVB는 오존층에서 대부분 차단되지만, 일부분은 대기로 들어와 위험한 자외선이다. UVB는 짧은 시간에도 화상을 일으키며 피부암을 발생시키기도 한다. 이 UVB를 피부에서 차단하기 위해 선크림을 바르는데 자외선 차단지수인 SPF^{Sun Protection Factor} 값으로 선크림의 차단 정도를 표시한다. SPF의 수치가 클수록 자외선의 차단 능력도 높다. 예를 들어, SPF15와 SPF50은 각각 자외선의 1/15, 1/50 정도만이 피부에 도달한다.

자외선 중 파장이 가장 긴 UVA는 자외선의 가장 많은 부분을 차지하고 있는데 오존층에서도 차단되지 않는다. 파장이 길어 피부의 진피층까지 침투하며 피부를 까맣게 태우고 주름을 일으켜 피부 광노화 skin photoaging를 일으키는 주범이다. 이 UVA에 대한 차단 정도 지표가 PA^{protection grade of UVA}이며 '+'의 개수로 나타낸다. '+' 한 개는 선크림을 바르지 않았을 때보다 2배의 차단 효과를 낸다는 의미이며, '+' 개수가 2, 3, 4개로 늘어나면 자외선 차단 효과가 4배, 8배, 16배로 증가한다는 것을 의미한다.

자외선 차단제는 차단하는 방법에 따라 자외선을 반사시키는 것과

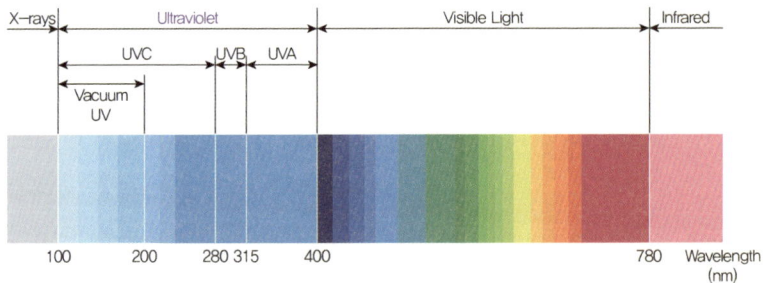

파장에 따른 자외선의 종류[5]

자외선을 흡수하여 피부에 자외선이 닿지 않게 하는 두 가지로 나눠진다. 자외선 반사제는 이산화티타늄과 산화아연$^{ZnO,\ zinc\ oxide}$ 같은 금속의 산화물로 이루어져 있고, 자외선 흡수제는 옥시벤존^{oxybenzone} 등 벤젠 계열의 유기 화합물이 주성분이다.

- **바이러스 살균**

우리 주위에는 많은 미생물이 살고 있다. 심지어 우리 몸속에도 많은 균들이 살고 있는데 그 종류는 1만 종이 넘으며 그 개수가 100조가 넘는다. 약 60조가 되는 몸속의 세포보다 많으며 그 무게를 다 합치면 무려 1~2kg이 된다고 한다. 자연과 공존하며 사는 균들 중에는 유익한 균들이 많지만 우리에게 해를 끼치는 나쁜 균들도 많다. 일반적으로 균으로 일컬어지는 것에는 바이러스^{virus}, 세균^{bacteria}, 곰팡이^{fungus}가 있다. 바이러스로는 코로나바이러스$^{corona\ virus}$, 인플루엔자바이러스$^{influenza\ virus}$, 노로바이러스^{norovirus} 등이 대표적이며, 세균으로는 대장균$^{colon\ bacillus}$, 레지오넬라^{legionella}, 살모넬라^{salmonella} 균이 대표적으로 해롭다. 곰팡이 종류로는 검은 곰팡이, 흰 곰팡이, 백선^{tinea} 등이 있다. 잘 아는 바와 같이 우리가 마시는 물이나 우유, 주스 등에도 미량이지만 세균들이 있다. 완전 박멸이 어려우므로 마시기에 허용되는 세균들의 양을 정해놓고 있다. 만약 허용치가 넘으면 살균 처리를 해야 하며 많은 식품들이 살균 또는 멸균 처리된 후 시판된다.

살균^{sterilization}의 방법으로 열을 가하거나 화학약품을 이용하거나 빛을 이용한다. 화학약품의 경우, 사용 후 화학약품을 씻어내거나 제거해야 하는 반면, 빛은 후처리가 필요하지 않다는 장점이 있다. 살균을 위해 사용하는 빛은 자외선인데¹ 그중에서도 파장이 100~280nm인 강력한 C-자외선UVC을 이용하는 것이다. 햇빛에 포함된 UVC는 지구의 오존층에서 흡수되어 지표에는 도달하지 않는다. 따라서 살균을 위한 UVC는 반도체 발광소자인 LED 램프(파장 280nm, 275nm, 265nm)를 이용하거나 수은 램프(254nm)를 이용해 만든다. 물론 자외선의 세기가 크거나 쪼이는 시간이 길수록 살균효과는 크다.

살균의 대상이 되는 세균이나 바이러스는 유전정보를 바탕으로 한 세포분열로 증식하여 병을 일으킨다. 세포분열에 필요한 유전정보는 세포 안의 DNA나 RNA에 있는데 강력한 자외선을 쬐어주면 이 DNA나 RNA의 분자구조가 바뀌게 되어 제 기능을 못하게 된다. 즉, 세포분열이 정지되어 증식이 불가능해져 죽게 되는 것이다. DNA와 RNA는 일반 균들의 경우에는 세포핵 안에 있고 바이러스는 세포의 외피에 있다.

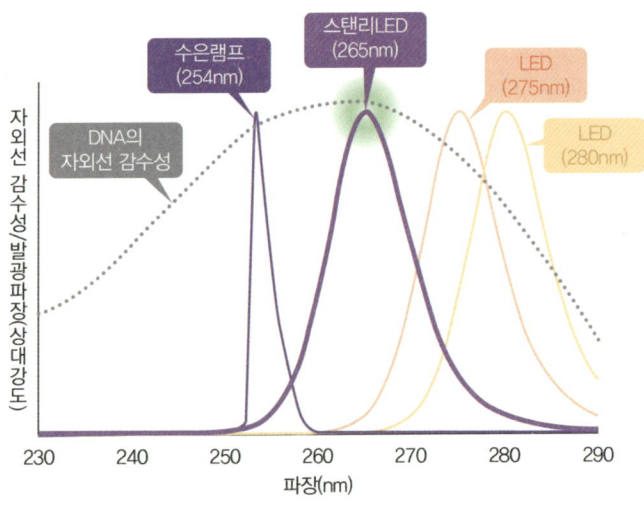

파장에 따른 DNA의 광흡수 특성과 자외선 광원들의 발광 스펙트럼[6]

C-자외선UVC의 파장에 따른 살균 효과를 연구한 결과, DNA의 자외선 흡수 스펙트럼이 265nm에서 최대가 되어 280nm, 275nm 파장의 LED보다 265nm 파장의 LED가 가장 살균 효과가 높은 것으로 알려졌다. 또한 신종 코로나바이러스(SARS-CoV-2)에 UV LED를 조사해 1초에 99.437%, 5초에 99.823%의 사멸 효능을 확인하였다.

최근 코비드-19COVID-19 검사를 위한 선별진료소의 검체 채취실에 UV LED 램프를 설치해 1평 남짓한 공간 전체를 5~10초 안에 빠르게 살균할 수 있게 되었다. 그동안 밀폐된 공간에서의 교차 감염 예방을 위해서 퇴실한 방을 분무 방식 등으로 살균해 10분 이상 걸렸던 살균 시간을 10초 안으로 크게 단축할 수 있게 된 것이다. 이러한 UV LED 램프를 이용한 살균 방법은 신속한 공간 살균이 가능하여 선별진료소 이용자뿐만 아니라 의료진도 코비드-19 감염의 가능성과 불안감과 줄일 수 있게 되었다.

또 다른 UV LED의 응용으로는 칫솔을 살균하거나 옷이나 침구를 소독하거나 살균할 때 사용하는 것이다. 사람들이 착용해본 옷을 소독해야 하는 의류매장, 세균의 감염 가능성이 높은 화장실과 병원, 청결함이 필수적인 식품업계에서 사용하는 운송용 벨트와 포장재 등에 C-자외선을 이용한 살균이 매우 효과적이다. UV LED 모듈을 장착해 살균하는 환풍기나 옷에 묻은 세균 살균용 스타일러styler가 집 안으로 들어온 자외선 기술을 응용한 예이다. 그러나 유용한 C-자외선도 취급에 매우 유의를 해야 한다. C-자외선은 사람의 눈에 노출되면 망막이 손상될 수 있고 피부에 직접적으로 닿으면 화상을 입을 수 있기 때문이다.

• 오염 물질 분해

또 다른 자외선의 효용은 물을 소독하거나 하수처리를 하는 데 있다. 수영장 등에서 사용하고 있는 화학약품을 이용한 물의 소독은 인체에 무해하지 않아 사용이 제한적이다. 무해한 소독 작용을 위해 빛을 이용하는 연구가 시작되었고, 빛을 받으면 강력한 산화 소독제를 생성하는 촉매가 개발되었다. 이산화티타늄^{TiO_2}이라고 하는 금속 산화물에 자외선을 쪼이면 물 분자가 분해되어 소독능력을 갖춘 수산화 라디칼·OH이 생성된다. 이산화티타늄의 강력한 산화 분해 능력은 각종 유기물을 궁극적으로 물과 이산화탄소로 분해하는 것이며, 일종의 유기화합물인 각종 세균도 산화분해 작용에 의해 살균된다.

이산화티타늄과 같은 광촉매의 장점은 촉매 반응으로 온도가 증가하지 않고 상온에서 진행된다는 것이다. 자외선은 LED를 이용하여 값싸게 구현할 수 있고, 수산화 라디칼은 강력하게 살균, 탈취, 분해하는 성질이 있어 미생물 제거 등 소독 역할을 한다. 여타의 오염 물질은 물과 산소로 환원시켜 인체에는 무해하다. 이러한 자외선의 강력한 산화 성질을 친환경 인테리어 산업에 적극적으로 이용하여 항균벽지, 항균도료 등으로 개발되어 시판되고 있다. 미세한 이산화티타늄 분말을 벽지나 도료에 첨가해 빛에 의한 항균 기능을 보강한 것이다. 또한 치과에서 사용하는 교정용 금속 와이어$^{orthodontic\ wire}$에도 적용하고 있다.

이산화티타늄 광촉매는 250~350nm 파장의 자외선을 받으면 밴드갭$^{band\ gap}$인 3.2eV 이상의 에너지를 얻게 되어 산화력이 생긴다. 그러나 만약 자외선보다 긴 파장의 가시광선은 그 에너지가 밴드 갭을 넘을 만큼 크지 않아 광촉매로서의 효능을 얻기 힘들다. 최근 사람 눈에도 해롭지 않은 가시광선에서도 광촉매의 기능을 얻기 위해 이산화티타늄 분말의 표면을 변형하거나 금이나 망간 등 다른 원소 등을 첨가해 만든 광촉매가 개발되었다.

한편 자외선 조사照射, illumination에 따른 수산화 라디칼hydroxyl radical의 생성을 증가시킬 수 있는 다양한 소재들이 개발되고 있다. 대표적인 광촉매인 기존의 이산화티타늄은 자외선을 받아 발생한 전자가 바로 재결합하는 단점이 있다. 전자가 재결합하는 것을 막기 위해 이산화티타늄의 조성과 형태를 조절하고 1~2V의 전압을 가해 수산화 라디칼을 지속적으로 생성하는 기술이 최근 개발되었다. 또 다른 연구로는 금과 은, 백금 등의 귀금속을 박막이나 나노 입자 형태로 만들어 반응에 직접 관여하지 않고 화학반응 속도를 높이는 광촉매 반응을 유도하는 것이다. 수 나노 두께의 귀금속 박막에 빛을 조사하면 그 표면에서 플라즈몬surface plasmon이 생성되고, 이 플라즈몬이 산화제의 역할을 하여 오염 물질을 분해시키는 것이다.

오염 물질은 물뿐만 아니라 대기의 공기 중에도 많이 포함되어 있다. 황사와 미세먼지 등의 고체 형태의 입자 외에도 많은 종류의 기체 오염 물질이 존재한다. 산업화의 결과로 대기에 배출되는 이산화질소와 이산화황 그리고 일산화탄소 등이 그 대표적인 물질인데, 벤젠과 톨루엔 등 VOCVolatile Organic Compounds라고 부르는 휘발성 유기화합물도 공기에 섞여 있다. 이러한 기체 상태의 오염 물질이 햇빛의 자외선과 만나면 또 다른 오염 물질로 변형이 된다. 빛에 의한 화학반응에 의해 생성되는 것으로 오존O_3, ozone과 PANPeroxyacetyl Nitrate이 그 대표적인 물질인데 인체에 해롭다.

　오존은 공기 중에 있는 산소 분자가 자외선에 의해 2개의 산소 원자로 분해된 다음 또 다른 산소 원자와 만나 만들어지는 산소 원자 3개가 결합된 무색의 기체이다. 대기권 상층부에 존재하는 오존은 햇빛의 강한 자외선을 차단해 생명체를 보호해주지만, 지표면에 있는 오존은 강한 산화력으로 눈과 폐의 건강에 해를 끼친다. 특히 지표면에 존재하는 오존은 주로 자동차 배기가스가 자외선을 만나 생성되는데 오존이 많은 곳에는 오염 물질도 함께 있다고 할 수 있다. 복사기를 사용할 때 묘한 냄새가 나는데 이는 복사기에서 발생하는 전자기파에 의해 생성된 미량의 오존 때문이다. 반면 PAN은 탄화수소 유기화합물이 자외선과 만나 광화학반응으로 만들어지는 또 다른 형태의 탄화수소인데 인체에 유해한 물질이다.

18. 빛으로 피부를 살리다

　나이가 들어감에 따라 생기는 피부의 주름은 세포의 대사기능이 약해져 진행되는 자연노화 natural aging에 의한 것이다. 태양광선, 대기오염, 흡연 등의 주변 환경도 피부노화를 촉진시킨다. 그중 태양광선 노출이 만성적인 피부노화의 약 80%를 차지하는 것으로 알려져 있다. 강력한 에너지를 가진 자외선에 피부가 노출되면 주름과 색소침착 등의 경미한 피부 손상을 가져올 뿐 아니라 심하면 염증과 피부 화상을 입는 단계를 거쳐 피부암으로까지 발전될 수 있다.

자외선의 노출로 발생하는 피부 손상은 비가역적인 진피조직dermal tissue의 변화를 동반한다. 이러한 광노화photoaging 현상에 의한 피부 질환은 초기에 적절한 예방과 치료가 필요하다. 자외선이 광노화의 주원인이므로 불필요한 태양광선 노출을 피하고 자외선 차단제를 사용하여 광노화를 미연에 막는 것이 중요하다.

자외선으로부터 피부를 보호하기 위해 선크림 같은 자외선 차단제를 바르지만 이런 물리적인 방어만으로는 충분하지 않을 수 있다. 자외선은 표피세포의 DNA를 손상시킴과 동시에 활성산소ROS, Reactive Oxygen Species를 많이 생성시킨다. 이 활성산소는 세포의 단백질과 지질 등을 산화시켜 본래의 기능을 상실시킨다. 이러한 경우에는 피부에 미치는 영향을 최소화하는 보조적 수단으로 항산화제antioxidant가 함유된 건강식품을 섭취하기도 한다.

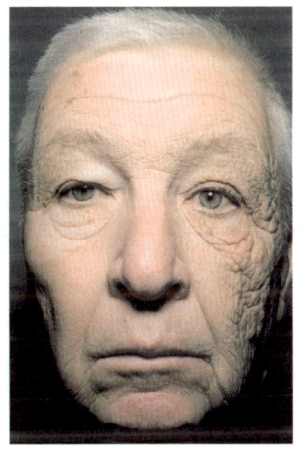

28년간 햇빛에 노출된 트럭 운전사의 얼굴 모습. 창문과 가까운 쪽의 얼굴은 자외선 노출로 인한 노화 현상이 심하다.[7]

• 비타민D의 합성

강한 자외선은 피부를 태우고 노화를 일으키는 주범이지만 좋은 일도 한다. 뼈의 성장과 유지를 돕고 암의 예방에도 좋은 비타민D는 필수 비타민의 하나인데 자외선을 쬐면 체내에서 만들어진다. 자외선 중 280~315nm 파장의 UVB를 쬐면 비타민D가 피부에서 빠르게 합성되는데, 우리 몸 전체를 햇빛에 노출하면 하루에 10,000~20,000IU의 비타민D가 만들어진다고 한다. 물론 합성되는 비타민D의 양은 계절, 날씨, 피부색, 노출면적 등 다양한 요인에 의해 영향을 받는다. 지하에서 일을 하는 사람이나 야간 근무자의 경우 피부를 통한 비타민D의 합성이 매우 적다. 한 번에 10~20분, 일주일에 3~4회 정도 한낮에 팔다리를 햇볕에 쬐는 것이 건강에 좋다고 한다.

햇볕을 쬐면 피부의 조직세포는 자외선을 이용하여 체내의 콜레스테롤cholesterol로부터 만들어진 7-디하이드로콜레스테롤7-DHC, 7-dihydrocholesterol이란 물질을 비타민D_3로 변환시킨다. 비타민D_3의 합성은 주로 피부 표피층 바로 밑에 있는 진피층corium에서 이루어지는데, 자외선이 분자를 분해하고 재결합하는 데 관여한다. 합성된 비타민D_3는 피부세포 밖의 혈관을 통해 간으로 이동하고, 간세포 속의 미토콘드리아mitochondria와 마이크로좀microsome에 있는 효소에 의해 25(OH)D라는 물질로 합성된다. 다음 콩팥으로 이동한 이 25(OH)D는 콩팥 세포에서 1,25(OH)2D로 합성된 후 최종적으로 비타민D로 만들어진다. 체내의 물질이 유용한 비타민으로 변화되는 여정을 빛의 화학작용으로 열어준 셈이다.

• 레이저 시술

햇볕에 손상을 입은 피부는 아이러니하게도 오히려 빛을 이용해 회복할 수 있다. 레이저 시술을 통하는 방법인데 흉터가 거의 없고 시술 시간이 짧은 장점이 있다. 피부 상태에 따라 사용하는 레이저의 종류도 다양한데, 주로 이산화탄소 레이저, 프랙셔널 레이저fractional laser, 펄스 레이저pulse laser, 색소 레이저dye laser 등을 사용하여 시술한다. 레이저 외에도 강한 가시광선을 조사해 피부 관리를 하는 IPLIntense Pulsed Light 시술도 있다.

이산화탄소 레이저는 10μm의 적외선을 이용해 피부의 요철 부분이나 점을 깎아내는 박피peeling에 사용한다. 피부를 깎아내어 정상적인 피부 재생을 유도하고 점이나 검버섯 부위를 제거한다. 얼굴에 있는 검은 점을 빼는 데 가장 많이 사용한다.

반면에 프랙셔널 레이저는 레이저의 종류를 지칭하는 것이 아니라, 피부 전체가 아닌 국소 부분에 레이저를 조사하여 시술하는 용도로 붙여진 이름이다. 프랙셔널 레이저는 주로 피부에 미세한 구멍을 뚫어 피부 재생을 유도하는 데 사용한다. 이 시술에는 2,940nm 파장의 Er:YAG 레이저를 많이 사용한다. 구멍을 뚫지 않고 열효과thermal effect를 이용하는 또 다른 프랙셔널 레이저 시술은 1,550nm 파장의 Er:Glass 레이저와 1,440nm 파장의 Nd:YAG 레이저를 사용한다. 일반적으로 피부에 상처가 생기면 염증반응inflammatory response을 일으키면서 모세혈관blood capillary이 증식되고 콜라겐collagen 섬유가 축적되어 흉터가 생긴다. 피부에 미세한 구멍을 내면 모세혈관은 줄고 산소공급도 줄어져 콜라겐 섬유의 증식 없이 콜라겐 섬유소의 배열이 정상적으로 변화된다. 따라서 부작용 없이 흉터나 주름을 없애고, 모공을 축소하여 피부결을 개선하는 데 사용한다.

IPL을 이용한 시술은 제논$^{Xe,\ xenon}$ 램프에서 나오는 강한 가시광선을 이용하는데, 햇볕에 타거나 색소가 침적된 피부, 미세 혈관이 드러난 피부의 치료에 효과가 있다. 특히 가시광선의 전 파장을 이용하여 피부색을 균일하게 개선시켜 미백 효과를 볼 수 있다. 상기한 레이저 시술들을 받은 후에는 보습제와 자외선 차단제를 주기적으로 발라 피부를 보호해야 한다.

• 문신의 제거

피부 속 깊이 색소를 주입해 글이나 그림을 그려 넣는 것을 문신^{tattoo}이라 한다. 입술의 윤곽을 뚜렷하게 하거나 눈썹을 그리는 데도 문신을 이용한다. 문신을 지우려면 피부의 깊은 진피층에 침적되어 남아 있는 색소 자체를 제거하는 것이 우선이다. 색소를 타깃으로 하는 레이저 치료가 등장한 이후 이젠 문신을 어렵지 않게 지울 수 있다.

레이저를 조사하면 문신의 색소 입자는 열을 받아 팽창하고 깨져서 제거된다. 이때 주변 피부조직에 열 손상$^{heat\ injury}$을 주지 않고 색소 입자만을 선택적으로 파괴해야 하며, 분쇄된 색소는 피부 밖으로 배출되도록 유도해야 한다. 물론 문신의 크기와 색소의 깊이에 따라 치료 기법도 달라지는데 레이저의 출력 조절이 무엇보다 중요하다.

문신의 제거에 사용되는 레이저는 주로 532nm과 1,064nm 두 가지 파장에서 발진되는 피코초(1pico초 = 10^{-12}초) 펄스 레이저이다. 최근에는 670nm와 755nm 파장에서도 발진하는 레이저가 출시되어 여러

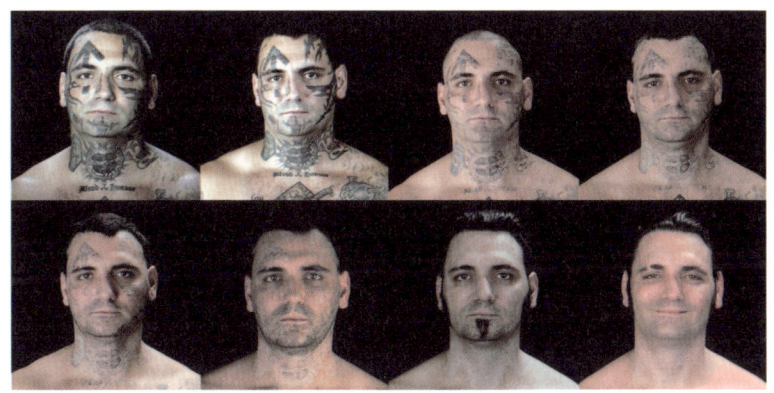

피코초 레이저를 이용한 순차적인 문신 제거의 예[8]

가지 색의 문신을 지우는 데 더욱 효과적으로 활용되고 있다. 색소에 따라 레이저의 에너지가 흡수되는 양이 다르므로 파장이 다른 레이저를 선택적으로 사용해야 한다. 문신 제거는 피부의 표피층에서부터 점점 더 깊은 진피층까지 레이저를 조사해 색소를 순차적으로 제거하므로 반복되는 시술로 이루어진다.

19. 빛으로 질병을 치료하다

빛은 파장에 따라 에너지가 다르므로 특정한 색의 빛을 인체의 특정 위치에 조사하여 질환을 완화하거나 치료할 수 있다. 빛을 이용한 병의 치료는 정상적인 세포의 대사를 촉진시켜 손상된 조직을 활성화시키고 암세포와 같은 종양은 사멸시켜 이루어진다. 특히 적외선은 세포 내의 미토콘드리아가 영양소를 ATP$^{\text{Adenosine Triphosphate}}$로 전환하는 것을 촉진하여 DNA와 RNA의 활성화에 도움이 된다.

가시광선 중 파란색과 빨간색의 빛은 잇몸과 치아의 건강에 이롭다는 것이 밝혀져 구강 건강을 지키는 기능성 칫솔에 응용되고 있다. 특정한 파장의 빛이 나오는 LED가 앞부분에 매몰되어 있는 칫솔이 최근 개발되었다. 빨간색의 빛은 잇몸의 염증을 방지하고 세포의 재생을 돕는 역할을 하며, 파장이 짧은 파란색의 빛은 입속의 세균을 죽여 잇몸 질환을 줄이고 치아를 하얗게 하는 미백 효과도 있다고 한다.

구강에 적용하는 LED 빛 외에도 한의학에서 장기와 상응하는 경혈 자리acupuncture point에 특정한 색의 LED를 비추면 생리통과 요실금 등이 완화되는 효과도 알려져 있다. 인체의 발병 위치와 증상에 따라 가시광선, 적외선, 자외선, 엑스선이나 감마선 등의 파장과 에너지가 다른 빛을 적절히 사용하여 치료에 적용할 수 있다.

• 광열 치료

빛은 그 자체가 에너지이므로 물체가 빛을 흡수하면 그 에너지의 크기에 따라 어떤 변화가 일어날 것은 자명하다. 이러한 빛에 의한 물체의 특성 변화를 이용하여 질병을 진단하거나 치료할 수 있다. 빛을 조사하여 발생하는 열로 질병을 치료하는 방법을 광열 치료PTT, Photo Thermal Therapy라고 한다. 빛으로는 주로 레이저 광을 이용하며, 조사된 부분은 국부적으로 40°C가 넘는 열이 발생하는데 이 열로 암세포 조직은 괴사한다.

광열 치료는 레이저를 조사하기 전에 먼저 열을 발생시킬 미세한 금속의 입자를 체내에 주입하며 시작한다. 금속 입자로는 금Au, gold을 가장 많이 사용하며, 형태는 구형과 막대기형으로 이루어져 있고 크기는 10~100nm이다. 최근에는 금 이외에도 실리카SiO₂, silica와 탄소C, carbon의 나노 입자도 개발되어 광열 치료에 사용하고 있다. 나노미터 크기의 금 입자는 빛을 받으면 표면 플라즈몬 공명LSPR, Localized Surface Plasmon Resonance 현상이 일어나 열이 발생한다.

금 나노 입자는 암세포에 선택적으로 달라붙어 표적이 가능하도록 표면처리를 거친 다음에 체내에 넣는다. 주로 아미노산이 연결된 물질인 펩타이드peptide를 금 나노 입자에 입힌 셸 구조shell structure로 만들어 주입하고, 암세포에 도달하여 자리 잡은 입자에 빛을 쪼여 열을 발생시키는 것이다.

• 광역학 치료

광열 치료와는 달리 빛 에너지 자체로 암세포를 직접 괴사시키는 방법도 있다. 빛을 흡수하는 광민감제photosensitizer를 체내에 투여한 뒤 정상 세포보다 많은 광민감제가 축적된 암세포를 표적으로 레이저를 조사하는 것이다. 레이저를 통한 열 발생을 이용하는 것이 아니라 레이저가 암세포에서 화학적 반응을 유도하여 활성화 산소를 발생시켜 암세포를 괴사시킨다. 레이저 치료 후에 일어나는 조직 내 미세혈관의 손상도 암세포의 증식 억제에 기여한다.

빛으로 광화학 반응photochemical reaction을 유도하여 암세포를 죽이므로 광역학 치료PDT, Photodynamic Therapy라고 한다. 광역학 치료는 1970년대 미국과 일본의 의과대학 등을 중심으로 시작되었고, 1990년대에 와서 전 세계적으로 임상의 적용 범위가 확대되었다. 현재는 폐암이나 기관지암, 식도암, 위암, 구강암, 피부암, 자궁경부암, 방광암 등 많은 암 질환에 임상적으로 적용되고 있다. 국내에는 1995년경에 처음 도입되었고 대형 병원에서는 레이저 센터나 광역학 치료센터 등을 설치하여 운영하고 있다.

광역학 치료는 의약품을 사용하는 치료법에 비해 부작용이 적고 반복적인 치료가 가능한 장점이 있다. 특히 사용하는 광민감제가 특정 파장의 빛에 광화학적으로 반응하는 암세포만 선택적으로 파괴시켜 정상 조직에는 거의 영향을 미치지 않는다. 광민감제로는 포르피린 porphyrin계 유도체 단백질이 가장 많이 사용되는데 종류에 따라 세포 내의 미토콘드리아, 세포막 등에 선택적으로 이동한다. 그러나 포르피린계 유도체 또한 암세포에 대한 선택성이 다소 낮고 피부에 흡수되어 레이저 조사 시 피부가 손상되는 부작용이 있다. 최근에는 광안정성 photostability과 형광효율 photoluminescence efficiency이 높은 비포르피린계 유기 형광 염료가 개발되어 사용되고 있다.

• 암세포 추적

가장 중요한 것은 광열 치료나 광역학 치료를 하기 전에 암세포를 추적하여 정확한 위치를 찾아내는 것이다. 금 나노 입자나 광민감제를 투여한 후에는 표적으로 삼은 암세포의 정확한 위치를 먼저 확인해야 한다. 암세포에서 반사되어 나오는 빛을 측정하여 그 위치를 찾는데, 다른 주변 조직에서 나오는 빛과는 달라야 확인이 가능하다. 빛을 가장 잘 반사하는 물체는 금속이며 따라서 화학적으로 안정하고 인체에 해가 없는 미세한 금 입자를 주로 사용하는 것이다. 암세포 내부에 침투해 있는 금 입자에서 반사되는 광신호로 암 조직을 추적·관찰할 수 있다.

　암세포의 위치가 확인되면 이를 괴사시키기 위해 그곳까지 빛을 보내 열 발생을 일으키게 하거나 광화학 반응을 일으키도록 해야 한다. 빛을 암세포로 보내는 방법으로는 광섬유를 주로 이용하는데 환부까지 절개 없이 찔러서 시술이 가능하다. 의료용 광섬유는 카테터catheter에 넣어 사용하는데, 광섬유 끝의 형태를 달리하여 레이저의 조사 방향과 빛의 모양을 바꿀 수 있다. 광섬유 끝을 수직으로 잘라 빛이 직진하게 하거나, 소정의 각도로 잘라 빛이 측면으로 방사되게 하거나, 소형의 렌즈 형태로 만들어 빛을 발산하게 하거나, 또는 방사상으로 퍼지게 하는 등 여러 가지 형태로 만들어 사용한다. 광섬유는 대개 2mm 미만의 직경을 가지며 보통의 내시경이나 카테터에 쉽게 삽입하여 사용하도록 제작된다.

　빛이 직진하는 형태의 광섬유는 빛의 세기를 측정하거나 조정하고 보정할 때 주로 사용하며 종양 부위가 아주 작은 경우에는 치료용으로도 사용한다. 소형의 렌즈 형태로 된 광섬유는 렌즈의 초점에 따라 빛의 조사 면적illumination spot을 달리할 수 있어 종양의 부위가 넓게 퍼져 있는 경우에 적합하다. 빛이 한 면 또는 방사 방향radial direction으로 퍼져 나오게 하는 광섬유는 식도, 위, 폐 등 환부의 옆면을 조사하는 데 적합하여 내시경에 장착해 가장 많이 사용된다. 종양의 크기가 상당히 큰 암인 경우에는 광섬유를 환부의 중심에 직접 삽입하여 빛이 전 공간 방향으로 퍼지도록 한다.

　그러나 많은 세포로 이루어진 인체의 조직 또한 복잡한 매질이라 빛을 환부에 입사시켜도 세포를 이루는 다른 물질에 의해 산란scattering되는 현상이 일어난다. 단일 산란광은 물체에 대한 정확한 이미지 정보를 갖기 때문에 물체의 관찰에는 용이하지만, 이 단일 산란광이 다시 다중으로 산란되기 때문에 그 세기는 급격히 줄어든다. 따라서 입사된 빛 에너지는 산란에 의해 급격히 감소해 일부분만 치료에 사용되는 단점이 있다. 이뿐만 아니라 산란된 빛은 단 한 번 부딪쳐 반사된 단일 산란광과 다중으로 반사된 다중 산란광이 함께 나와 암세포의 추적과 암세포에 빛을 전달하는 과정에 모두 부정적인 영향을 미친다.

최근 국내 기초과학연구원IBS과 한국과학기술원KAIST에서는 다중 산란광을 이용한 물체 추적연구를 수행하여 빛 에너지를 집속하는 기술을 개발했다. 다중 산란광은 단일 산란광에 비해 세기가 훨씬 크면서 물체의 정보도 갖고 있어 물체의 추적에 적합하다. 물체 확인을 위해서는 다중 산란광의 세기를 최대화하는 것이 중요한데, 물체에서 반사된 다중 산란광만을 시간 분해 방법time-resolution method으로 분리한 다음 그 빛을 다시 물체에 비춰 기존보다 약 10배 이상 큰 빛 에너지를 얻은 것이었다. 생체 내의 어떤 물질로부터 산란되어 나오는 빛 에너지를 크게 집속하는 기술은 물체의 위치 확인 및 추적이 필요한 광 자극, 광열 치료, 광역학, 광유전학 등 다양한 바이오 기술에 응용이 가능할 것으로 기대된다.

우리 몸에 생긴 종양에 양성의 암세포가 발견되면 암에 걸렸다고 한다. 이렇게 암이 진행되기 전에 암세포의 발생과 그 시점을 알 수 있으면 미연에 조치를 취할 수 있을 것이다. 최근에 정상으로 보이는 조직에도 암 관련 돌연변이 세포가 있다는 것이 밝혀졌다. 이 돌연변이

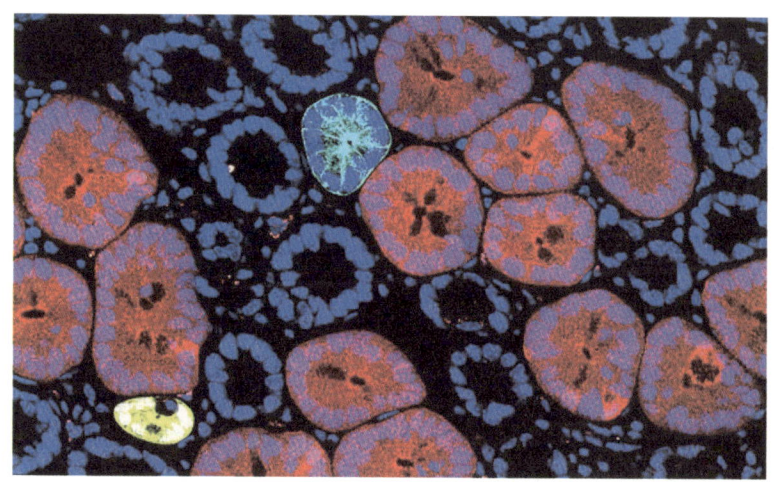

빨간색으로 표지된 암 돌연변이 세포와 노란색으로 표지된 정상 세포[9]

세포가 암 발생 초기의 비밀을 밝힐 단서로 지목된다. 실제 암세포와 인접한 정상 세포 그리고 면역세포 등 모두가 암의 시작 단계부터 진행, 전이에 이르기까지 모든 과정에 깊이 관여한다고 한다. 그러나 암 발생 초기 단계의 돌연변이 세포는 정상조직에 둘러싸여 쉽게 관찰되지 않을 뿐 아니라 주변의 정상 세포에 대한 정보를 얻는 데도 한계가 있다.

최근 영국과 오스트리아의 연구팀은 암세포와 정상 세포를 각기 다른 색깔로 표지해 추적할 수 있는 생체 시스템을 개발하였다. 생쥐를 이용해 같은 조직 내에서 특정 암 유전자를 발현하는 암세포와 주변 정상 세포를 동시에 다른 형광 단백질로 표지하는 기술이다. 목표가 되는 세포의 단백질에만 잘 들러붙는 최적의 형광 물질을 합성하여 암 돌연변이 세포는 빨간색으로, 정상 세포는 노란색으로 표지하는 데 성공하였다. 이런 방법을 이용하면 암의 조기 진단과 함께 암 발병 전 종양 줄기세포 단계에서도 미리 알 수 있다. 조직학적으로 거의 차이가 없는 초기 암 돌연변이 세포와 정상 세포를 명확히 구분해 추적할 수 있으며, 암세포가 주변 정상 세포와 어떻게 경쟁하고 상호작용하는지도 정량적으로 분석이 가능하다고 한다. 연구 결과, 돌연변이가 생긴 세포가 주변에 있는 정상조직의 줄기세포 분화를 억제하고 따라서 종양 유발 가능성과 암으로 이어질 확률이 높아짐을 발견하였다.

• 광유전학

빛을 이용한 또 다른 치료 방법으로 뇌신경세포를 빛에 반응할 수 있도록 유전적으로 조작하는 기술이 있다. 광유전학光遺傳學, optogenetics이라고 불리는 이 의료기술은 신경세포 중에서 빛에 반응하는 광반응성 단백질photo-reactive protein이 발견되면서 시작되었다. 유전자가 변형된 초파리에 355nm 파장의 레이저 빛을 쪼이자 중추신경central nervous system이 활성화되어 전기 신호가 발생한 실험 결과를 통해서였다. 이렇게 빛을 이용하면 기존의 전기 자극법과는 달리 뇌의 신경세포를 손상시키지 않고 신경회로를 조절할 수 있다. 이때 파장을 달리하여 빛을 보내면 자극을 받은 신경세포는 빛의 파장에 따라 다른 전기 신호를 발생시켜 조절이 가능하다.

더욱 중요한 것은 빛의 자극이 필요한 신경세포의 위치를 정확하게 찾아내는 기술과 빛을 그 세포에게 효과적으로 전달하는 기술이 선결되어야 한다는 점이다. 최근 머리카락처럼 가느다란 광섬유를 이용해 뇌수술 없이 국부적으로 빛을 전달하는 방법이 가시화되어 있다. 내시경을 통해 광섬유를 삽입하거나 직접 찔러 넣어 빛을 조사한다. 이러한 광유전학 기술을 이용하면 뇌전증腦電症, epilepsy이나 우울증depression 같은 정신질환과 알츠하이머Alzheimer와 파킨슨Parkinson병 같은 퇴행성 뇌질환의 원인 규명과 적절한 치료법의 개발에도 활용될 수 있다.

• **뇌전증 치료**

한편 빛은 질병을 일으키기도 하는데 일본에서 한때 많은 아이들이 비디오게임을 하다가 광민감성 뇌전증을 일으켜 세계를 놀라게 한 적이 있다. 1997년 포켓몬스터라고 하는 일본의 TV 프로그램을 보던 아이들이 사는 지방에 관계없이 집단적으로 간질 현상이 일어나 병원으로 실려 간 충격적인 사건이었다. 같은 프로그램을 본 무려 750여 명의 어린이들이 빨간색과 파란색의 섬광이 번쩍거리는 화면을 보고 동시에 광과민성 발작을 일으킨 것이었다. 이런 광민감성 발작은 일본뿐만 아니라 미국과 캐나다 그리고 한국에서도 일어났다.

소위 광과민성 증후군PSE, Photosensitive Epilepsy이라고 하는 증상인데 불규칙적으로 깜박거리는 강한 빛의 자극으로 생기는 뇌전증의 일종이다. 증상은 갑자기 의식을 잃고 쓰러지며 눈과 입이 돌아가는 발작을 일으키다 깨어나는 것이다. 1970년대 흑백 TV를 통해 발작을 일으킨 사례가 최초로 발견된 이래 전 세계적으로 다양한 사례가 보고되었다. 2012년에 열린 런던올림픽을 홍보하기 위한 로고 동영상도 이와 같은 뇌전증을 유발하여 올림픽 조직위원회가 영상물을 삭제하고 변경한 바 있다. 이 영상은 2012년의 각 숫자를 형상화해 핫 핑크hot pink와 일렉트릭 블루electric blue의 강렬한 색깔의 물속에 뛰어드는 다이빙 선수의 모습이었는데, 현란한 물결색이 그 원인으로 알려졌다.

광과민성 간질발작은 빛 자극에 대한 뇌의 반사작용으로 일어나는데, TV 화면의 빛 자극 외에도 햇빛에 의해서도 유발될 수 있다고 한다. 뇌는 갑작스런 자극이 집중되면 일시적으로 비정상적인 반응을 일으킨다. 갑자기 플래시가 터지거나 야간에 터널 속을 운전할 때 생기는 일시적인 경련도 빛에 의한 시각 자극성 발작이다. 강렬한 광 자극을 받게 되면 정상인의 1% 정도는 광과민성 경련을 일으키며 0.1% 가량은 간질발작 증세를 보인다고 한다.

뇌 신경세포는 자극이 일어나면 신경 전달 물질neurotransmitter을 내보내 전기적인 신호를 주고받으며 정보를 전달하는데, 만약 어떤 원인에 의해 뇌가 과다한 전기를 방출하면 발작을 일으키는 것이다. 이러한 발작의 치료로는 초음파나 자기장을 이용하거나 전극을 뇌에 이식하여 자극하는 방법을 많이 사용한다. 초음파나 자기장을 이용하는 방법은 국소적인 자극이 어렵고 전기 자극법은 직접 전극을 뇌에 이식해야 하므로 수술이 필요하다는 단점이 있다. 최근 뇌의 신경조직을 전기로 자극하지 않고 외부에서 빛을 통해 자극하여 치료할 수 있는 기술이 개발되었다. 나노 크기의 금 입자를 신경조직에 주입한 후 적외선을 쪼이면 흡수된 적외선으로 인해 발생한 열이 신경을 자극하는 것이다.

- **비문증 치료**

안구의 유리체 속에 떠다니는 이물질로 인해 눈앞에 무언가 떠다니는 것처럼 보이는 증세가 비문증飛蚊症, eye floaters이다. 모기가 날아다니는 것처럼 보인다고 해서 비문증이라고 하는데 '날파리증'이라고도 한다. 눈의 시선을 바꾸는 대로 이물질의 위치도 달라진다. 부유물처럼 보이는 이물질은 일상적으로 시야에 지속적으로 나타나나 심각한 문제를 일으키지는 않는다. 그러나 시야를 가리는 성가심으로 집중하는 데 방해를 주며, 눈앞에 계속 무엇이 보이고 점차 심해질 수도 있다는 염려에 정신적으로도 스트레스를 일으킬 수 있다.

비문증은 이물질이 안구를 통해 들어오는 빛을 가려 이물질의 그림자가 보이거나 이물질을 통과하는 빛이 굴절해 여러 개의 부유물이 떠다니는 것처럼 보이는 증세다. 이물질은 주로 점·실·거미줄·연기처럼 느리게 떠다니는 것처럼 보이며, 안구의 아래쪽에 가라앉는 경향이 있다. 비문증은 안구를 채우고 있는 유동체인 유리체의 변화에 기인한다. 유리체 속에 있는 이물질은 노화 현상의 하나로 유리체의 일부분이 변성되어 떨어져 나오거나 망막의 박리로 일어날 수 있다. 유리체는 투명하고 끈적끈적한 젤 같은 특성을 가지고 있어서 부유물들은 완전하게 고정된 채 있지 않고 느리게 움직인다.

이 비문증도 빛을 이용해 치료가 가능하다. 안구 내에 있는 이물질에 레이저를 직접 조사하여 잘게 분쇄하는 방법이다. 적외선 파장의 나노초 펄스 야그 레이저$^{Nd:YAG\ laser}$를 주로 사용한다. 레이저를 사용하는 의료진의 숙련도가 매우 중요하며 시력에 악영향을 미치지 않게 하는 섬세한 시술이 필수적이다. 또 다른 수술적인 방법으로는 유리체 내의 이물질을 선택적으로 제거하거나 안구의 유리체를 모두 제거한 후 가스나 실리콘 오일 등을 넣는 방법 등이 있다.

· **방사선 치료**

신생아 황달, 종양의 치료 등에 가시광선보다 파장이 짧은 자외선을 이용하여 부작용이 거의 없이 많은 성과를 얻고 있다. 자외선보다 훨씬 파장이 짧은 X-선, γ-선(감마선), 전자선 등을 이용한 방사선 요법radiotherapy도 악성 암의 치료에 거의 필수적인 과정으로 사용되고 있다. 파장이 매우 짧아 빛 에너지가 매우 큰 이 빛들은 암세포와 함께 정상 세포에도 영향을 준다. 물론 정상조직에는 최소한의 영향을 주기 위해 암세포 추적과 정확한 위치 확인은 필수적이다.

1895년 독일의 물리학자인 뢴트겐Wilhelm Conrad Röntgen, 1845-1923이 진공관에서 방출되는 음극선을 실험하다 파장이 짧은 전자기파를 발견하였다. 그 당시 이 빛의 정체를 규명하지 못해 임시로 X-선으로 명명했는데, 그는 이 새로운 광선을 자신의 이름에서 따오는 것을 원치 않아 현재까지 X-선으로 부르고 있다. 뢴트겐이 아내의 손을 찍어 뼈가 나타난 사진이 최초의 인체 X-선 사진이다. 전자기파의 하나인 X-선은 많은 물체들을 투과할 뿐 아니라 물질 내부에서 회절하는 성질 때문에 원자의 결정 구조를 규명하는 데 요긴한 도구로 사용된다. 뢴트겐은 이 X-선의 발견으로 1901년에 노벨 물리학상을 수상하였다.

한편 γ-선도 X-선, 자외선, 가시광선, 적외선과 같이 전자기 복사에 의한 전자기파이며 파장이 가장 짧아 이 중에서 에너지가 가장 크다. 1900년 프랑스 화학자이며 물리학자인 빌라르Paul Ulrich Villard, 1860-1934가 라듐Ra, radium으로부터 방사되는 선들을 연구하던 중 입자인 α-선과 β-선과는 달리 자기장에 의해 휘지 않는 γ-선을 처음으로 발견하였다. 이후 1910년 영국 물리학자인 브래그Sir William Henry Bragg,

1862-1942가 이 선이 가스를 이온화시킨다는 실험 결과로 입자가 아님을 보였고, 1914년에는 영국의 물리학자 러더퍼드Ernest Rutherford, 1871-1937가 산란 실험을 통해 이 γ-선이 파장이 $10^{-11} \sim -14}$m인 전자기파임을 밝혀냈다.

실제 병원에서 방사선 치료radiation treatment에 사용하는 방사선은 크게 X-선과 γ-선 같은 전자기파와 α-선과 β-선, 양성자proton와 같은 입자선particle beam 등으로 나눈다. 방사선 치료는 주로 X-선과 γ-선을 암세포와 같은 종양이 궤멸할 때까지 조사하여 수행한다. 방사선의 에너지는 물질 1g에 100erg의 에너지가 흡수된 양인 1rad(라드)로 표시하며 통상적으로 100rad인 1Gygray(그레이)를 단위로 사용한다. 인체에 방사선이 조사되는 경우에는 조직별 상대적인 위험도의 차이를 반영한 평가지수로 시버트Sv, sievert란 단위를 가진 유효선량effective dose을 사용한다. Sv의 단위는 J/kg로서 Gy와 동등하지만, Sv는 방사선 조사량의 단위이고 Gy는 흡수되는 방사선량의 단위로서 구별하여 사용한다.

X-선은 진공관의 음극에서 튀어나온 전자를 가속시켜서 양의 전압이 걸린 양극판에 충돌시켜 얻는다. X-선의 에너지는 주로 선형가속기를 이용해 전자를 가속하여 얻는다. 반면 감마선은 원자핵의 전이에 의해 발생하는 아주 큰 에너지를 가진 전자기파인데 방사선 동위원소의 붕괴 현상을 이용해 얻는다. 가장 보편적인 방법으로 방사성 동위원소인 코발트Co, cobalt-60의 방사성 붕괴(β-붕괴)를 이용해 높은 에너지 상태인 니켈Ni, nickel-60을 거쳐 다시 바닥 상태로 떨어지게 만드는 것인데, 이때 감마선이 방출된다.

방사선 치료 시에는 종양 외의 정상조직에는 해가 가지 않도록 가능한 여러 각도에서 종양을 목표로 하여 방사선의 세기도 조절하며 조사를 한다. 1990년 이후로는 MRI, CT 등의 영상의학 기술이 획기적으로 발전하면서 방사선 수술의 정밀도가 높아졌다. 최근에는 방사선 치료의 기술적인 성공에서 정상조직의 손상을 최소화하여 환자의 삶의 질을 높이는 방향으로 그 역할이 확대되고 있다.

20. 빛으로 몸속을 보다

우리 몸의 내부는 캄캄한 암흑이다. 빛이 들어갈 수 있는 곳이 차단되어 있기 때문이다. 해가 비치지 않는 깊은 물속도 캄캄하기는 마찬가지다. 우리가 TV에서 보는 깊은 바다 속의 형형색색의 물고기와 산호의 아름다운 모습은 조명을 비춰 그 반사된 빛을 영상으로 담아내기에 가능한 것이다. 만약 우리 몸 안에도 빛을 보내 비추면 내부의 표면에서 반사된 빛을 통해 속을 들여다볼 수 있다.

몸의 내부를 직접 눈으로 볼 수 있게 된 것은 내시경endoscope 덕분이다. 내시경은 빛을 보낼 수 있게 원통의 가는 막대기 형태로 된 것과 휘어져 굵은 전선 같이 생긴 것으로 대별된다. 전자는 복강경laparoscope으로 알려진 딱딱한 막대 형태의 내시경이고, 후자는 우리가 병원에서 흔히 접할 수 있는 위내시경과 대장내시경 같은 연성 내시경flexible endoscope이다.

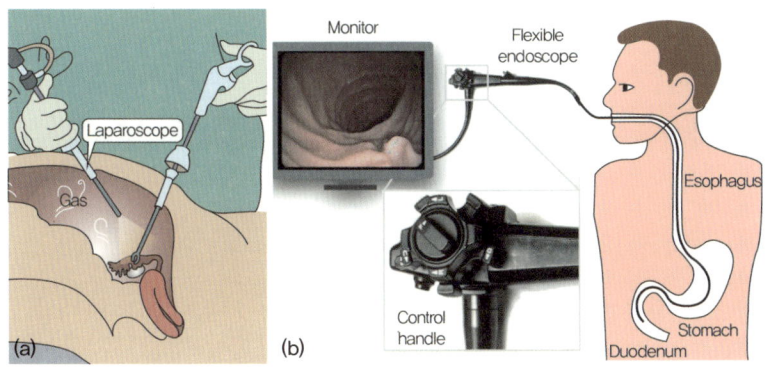

(a) 복강경을 이용해 수술하는 모습, (b) 내시경으로 식도를 거쳐 위와 십이지장을 검사하는 모습[10]

• 복강경

    복강경을 이용한 수술은 복부나 흉부를 절개하는 일반적인 개복 수술과는 달리 0.2~1.5cm 크기의 작은 구멍을 낸 후 그 속으로 복강경을 넣어 시행한다. 복강경의 끝부분에는 빛이 나오는 부분과 함께 CCD Charge Coupled Device 카메라가 장착되어 있어 수술 부위를 직접 모니터를 통해 볼 수 있다. 복강경은 유럽을 중심으로 1880년대부터 연구가 시작되었고, 1900년대 초기에는 스웨덴, 미국, 독일 등 외과 의사들이 부인병과 폐질환의 치료에 사용하였다. 이후 지속적으로 발전하여 1960년대는 비뇨기과와 부인과 분야의 진단과 치료에 도입되어 유럽의 병원에서 많이 이용되었다.

    복강경을 이용한 수술은 1987년 프랑스의 외과의사 무레Philippe Mouret, 1938-2008가 처음으로 담낭절제술cholecystectomy을 성공적으로 시행한 후 본격적으로 이용된 것으로 알려져 있다. 그는 복강경에 CCD 카메라를 연결하여 환부를 모니터 화면을 통해 보면서 담낭절제술을 실시하였고, 특히 간호사들과 협력해 수술을 진행하는 방식을 확립했다. 최근에는 전 세계적으로 많은 외과 의사들이 복강경을 이용해 수술을 시행하고 있으며 대상 질환도 대부분의 복부 질환으로 확대되고 있다.

복강경 수술의 보급은 복강경의 기술적 발전이 함께 이루어져 가능하였다. 복강경과 함께 고성능 해상도를 가진 소형의 CCD 카메라가 개발되었고 복강경이 들어간 좁은 공간에서도 수술이 가능한 정교한 수술도구와 장비도 개발되었기 때문이다. 실제 복강경 수술은 수술 후 통증의 감소, 수술 합병증의 감소, 병원 입원기간의 단축, 흉터가 거의 남지 않는 작은 절개로 환자의 입장에서도 장점이 많다. 그러나 복강경 수술 또한 모니터를 통한 2차원의 영상 때문에 수술 부위의 거리와 방향이 조절하기 어렵고 수술의 시야도 복강경이 비추는 부분으로 한정된다는 단점이 있다. 또한 절제한 조직이나 장기를 작은 절개 부분을 통해 몸 밖으로 꺼내는 과정이 어렵고, 임시 절제된 장기를 원래 상태로 보존하기 어려운 점이 있다.

최근에는 수술 시 거리와 방향 조절이 어려운 단점을 해소하기 위해 3D 복강경 기술이 개발되었다. 일반적인 복강경은 렌즈 1개로 이루어져 2차원 영상을 보는 데 반해 3D 복강경은 2개의 렌즈를 장착해 3차원 영상을 구현할 수 있다. 의료진은 3D 안경을 착용하고 3D 모니터를 보며 수술을 진행한다.

• 내시경

원통형 막대 모양의 복강경과는 달리 내시경은 빛을 보내고 영상을 받는 부분이 모두 유연한 케이블 형태로 이루어져 있다. 내시경의 내부는 광섬유의 다발로 이루어져 있고, 이 광섬유 다발을 통해 빛을 보내고 영상을 받는다. 광섬유 코어를 지나가는 빛의 내부전반사 특성을 이용한 것으로 내시경은 구부려져도 빛은 끝까지 전달이 된다. 따라서 수술 이외에는 접근이 불가능했던 몸 내부를 내시경을 이용하면 자세히 들여다볼 수 있다.

내시경 검사와 수술은 코를 통해 목 내부를 검사하는 후두내시경, 목을 통해 위 속을 들여다보는 위내시경, 항문을 통해 대장을 검사하는 대장내시경 등이 가장 보편적으로 사용된다. 검사하는 몸속의 장기에 따라 내시경의 직경과 길이가 달라지며, 내시경 크기가 클수록 광섬유 다발에 들어가는 광섬유 개수가 많아져 좀 더 명확한 영상을 볼 수 있다. 일반적인 위내시경의 직경은 9~10mm 정도이며 대장내시경은 직경이 13mm 이상으로 가장 굵다.

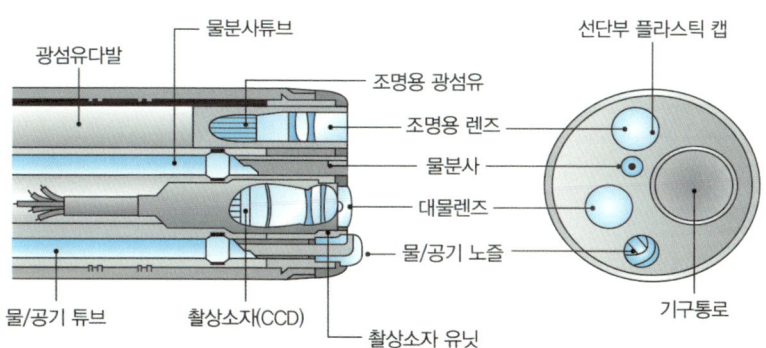

내시경 삽입관의 구조. 광섬유 다발로 된 광도파로(light guide)로 빛을 보내고 CCD 소자로 영상신호를 얻는다.[11]

내시경은 빛을 밖에서 몸 안으로 보내는 조명용 광섬유 다발인 조명 가이드light guide와 몸 내부의 영상을 보는 광섬유 다발인 영상 가이드image guide가 하나의 케이블에 나란히 들어 있는 구조를 가지고 있다. 각각의 광섬유 다발 앞에는 빛을 넓게 확산해 보내고 또렷한 영상을 얻기 위해 렌즈로 이루어진 광학계가 설치되어 있다. 물론 내시경 전체 시스템은 이러한 내시경 삽입관과 삽입관의 방향과 위치를 조작하고 물과 공기 등을 넣어주는 조작부 그리고 영상을 확인하는 모니터 등으로 이루어져 있다.

광섬유를 이용한 내시경은 1957년 미국에서 처음으로 개발되어 'Fiberscope'란 이름으로 병원에서 사용되기 시작하였다. 그러나 영상을 전달하는 영상 가이드는 5만~10만 개의 광섬유로 이루어져 해상도에는 한계가 있다. 1983년에 영상을 전기신호로 바꿔주는 반도체 소자인 CCD가 미국에서 개발된 이후에는 광섬유 대신 점차 CCD로 대체되기 시작하였다. 카메라 역할을 하는 CCD를 이용해 전기신호로 바뀐 영상을 모니터 화면에서 바로 볼 수 있기 때문이었다. 이러한 내시경의 개발과 발전은 높은 해상도와 작은 크기의 CCD의 제조 기술에 힘입은 바가 크다.

또 다른 내시경으로는 삽입관에서 광섬유 다발을 모두 없애고 광원으로는 LED를, 영상을 받는 소자로는 CCD를 장착한 전자내시경이다. 반복 사용을 막고 병원 내 감염을 최소화하기 위한 목적으로 만든 것이다. 비교적 가격이 낮은 저해상도의 CCD를 사용한 저가형 전자내시경을 일회용으로 사용하고 있다. 최근에는 먹는 약처럼 생긴 작은 형태의 캡슐형 내시경도 개발되어 사용되고 있다. 광원으로는 LED

가 사용되고 초소형 CCD 카메라와 배터리가 내장되어 있어 몸속의 기관들을 지나면서 촬영을 하고 실시간으로 영상을 보내준다.

일반적인 내시경이 몸속 장기의 내부 표면의 영상을 보는 데 반해 최근에는 장기의 표면 내 단면을 함께 볼 수 있는 복합 내시경이 개발되었다. 초음파 기술을 내시경에 접합시킨 기술인데 초음파 발생 및 검출이 가능한 소자를 내시경 말단에 설치한 것이다.

또 다른 신기술로는 초음파 대신 레이저를 이용해 조직의 단면을 볼 수 있는 광간섭 단층촬영OCT, Optical Coherence Tomography 기술을 접목한 것이다. OCT 기술은 단독으로 사용하거나 내시경에 부착하여 사용이 가능하다. OCT 기술은 초음파보다는 파장이 짧은 적외선을 이용하여 해상도가 높으며 장시간 사용해도 인체에 해가 없는 장점이 있다. 그러나 10mm 내외의 짧은 촬영 깊이로 안과에서 망막 검사용으로 주로 활용되고 있다. 심장혈관, 피부조직, 소화기관의 단면 검사에도 사용이 되고 있으나 아직은 이용 사례가 제한적이다.

사람의 손이 닿지 않는 곳은 인체 내부에만 국한되지 않고 산업 현장에도 많다. 사람의 접근이 불가능한 사고 현장이나 가는 배관 내부의 결함을 검사할 때도 내시경은 요긴하게 사용된다. 의료용 내시경보다는 광섬유 다발로 이루어진 삽입관의 길이가 수십 미터까지 아주 길다. 길이에 따른 광섬유 유리의 광손실이 거의 없어 영상의 밝기와 해상도 또한 변화가 없는 장점이 있다.

21. 빛으로 단면을 보다

• 단층촬영기술 CT

아파서 병원에 가면 CT$^{Computerized\ Tomography}$라고 하는 단층촬영 검사를 받게 된다. 전산화된 단층촬영^{CT}은 갠트리^{gantry}라 불리는 도넛 형태의 원통 속에 몸을 움직이지 않은 채 누워 제법 긴 시간 촬영하는 검사이다. 일반적인 X-선 촬영이 인체의 한 단면을 찍는다면, 컴퓨터 단층촬영은 X-선 장치를 360° 회전시키면서 신체의 전체나 특정 부분을 연속적으로 찍는다. 인체의 영상은 2차원 픽셀^{pixel}을 3차원의 형태로 구현한 복셀^{voxel}로 찍어 데이터를 얻는다.

다시 말하면 누워 있는 인체에 각도를 달리하여 X-선을 투과시킨 후 투과되는 정도를 측정한 뒤 이를 3D 영상으로 변환하는 방법이 CT

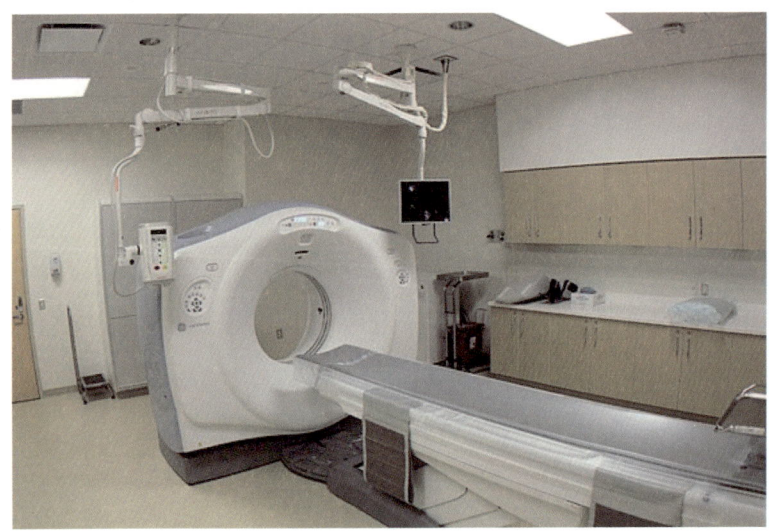

CT 촬영기[12]

기술이다. 장기의 염증, 궤양, 혈종, 천공, 암 등의 비정상 유무를 알아보기 위해 시행하고 있으며 일반적인 X-선 사진으로는 어려운 종양 등을 확인할 수 있다. 측정 데이터를 컴퓨터에 저장해놓기 때문에 특정 부위의 단면을 언제나 꺼내 볼 수 있다.

CT는 특정한 인체 부위에 따라 조영제造影劑, contrast medium를 먹거나 혈관이나 척추에 조영제를 투여한 후에 검사를 한다. 정맥으로 투여하는 조영제는 심장을 통해 온몸의 혈관 속에 퍼져 종양이나 병변조직으로 들어가는데, 따라서 병소의 발견과 크기 판정에 유용한 약품이다. 혹 조영제의 투입으로 호흡곤란이나 두근거림이 생기거나 발작이 일어나는 경우가 있으며 아주 드문 경우 쇼크 등의 부작용이 생길 수 있다.

이러한 X-선을 이용한 CT 촬영은 1972년에 최초로 상용화되었고 1974년에는 전신용 CT 장비가 개발되었다. 이 CT 기술의 발명으로 미국의 코맥Allan MacLeod Cormack, 1924-1998과 영국의 하운스필드Sir Godfrey Newbold Hounsfield, 1919-2004는 1979년 노벨 생리의학상을 수상하였다. 1990년대 후반부터는 CT 기술이 산업용으로도 쓰이기 시작하였는데 병원용 CT보다 훨씬 높은 200~9,000keV의 에너지를 사용한다. 에너지 200keV의 경우, X-선은 알루미늄을 5~10cm 정도의 깊이로 투과하며 9,000keV 이상에서는 자동차 전체를 영상으로 볼 수가 있어 비파괴 검사non-destructive inspection에 많이 이용되고 있다.

• 광간섭 단층촬영기술 OCT

CT 검사는 단순한 X-선 검사보다 에너지가 수십 배에서 수백 배 커

방사선 피폭의 위험이 있다. 또한 마이크론 단위의 미세한 부위를 검사하기에는 아직도 한계가 있다. 이에 비해 방사선 피폭이 없을 뿐 아니라 해상도를 높인 단층 검사기술로 새롭게 개발된 것이 OCT$^{Optical\ Coherence\ Tomography}$라고 부르는 광간섭 단층촬영기술이다. X-선을 사용하지 않고 인체에 무해한 파장의 빛인 적외선을 이용한다.

OCT 기술은 빛의 간섭 현상을 이용한 진단도구$^{diagonostic\ device}$로서 개발 초기에는 눈의 망막이나 혈관 내부의 생체조직의 단면을 비침습적으로 측정하는 데 사용되었다. 현재는 마이크론$^{\mu m}$의 해상도와 밀리미터^{mm}의 침투 깊이가 필요한 안과에서 가장 활발하게 이용되고 있으며, 소화기내과·피부과·치과 등에서도 다양하게 사용되고 있다. 증상이 없는 구강 내 초기질환도 발견할 수 있어 치과에서도 최근 많이 사용되고 있다. OCT 기술은 빛의 경로를 공간 대신 광섬유를 이용해 혈관 같은 비좁은 조직도 검사할 수 있다. 또한 OCT는 오래된 그림이나 유물 등의 내부 단면을 비파괴적으로 검사가 가능해 다양한 미술품이나 예술품의 보존을 위한 연구에도 사용되고 있다.

OCT는 1980년대 오스트리아의 비인대학$^{Universität\ Wien}$의 퍼쳐$^{Adolf\ Friedrich\ Ferche,\ 1939-2017}$가 백색광의 간섭 현상을 이용하여 생체의 단면조직을 처음 연구한 이래, 미국 MIT의 후지모토$^{James\ G.\ Fujimoto}$ 연구팀에서 80년대 중반부터 수행한 연구 결과를 정리하여 1991년에 발표한 이후 많은 주목을 받게 되었다. 1993년에는 망막 구조를 보여주는 최초의 OCT 영상이, 1997년에는 내시경을 이용한 첫 번째 영상이 발표되었다. 치과 분야에서는 1998년에 돼지 치아의 경조직과 연조직에 OCT 기술이 처음 적용되어 시작되었다.

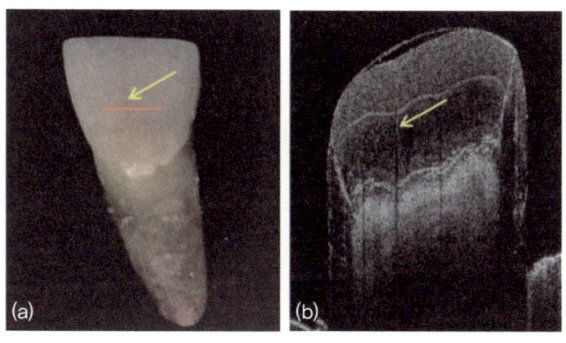

(a) 일반 사진보다 선명하게 드러난다. (b) SS-OCT로 찍은 치아의 상아질에 생긴 크랙의 모양[13]

OCT의 측정 원리는 다음과 같다. 광원에서 나온 하나의 빛을 광분할기beam splitter를 통해 두 개로 나눈 후, 하나는 피사체에 조사하고 다른 하나는 기준으로 삼는다. 피사체에서 반사되어 나오는 빛과 기준 빛이 만나면 두 빛의 광경로 차이optical path difference에 따라 간섭현상이 일어나는데, 이 간섭결과를 푸리에 변환Fourier transformation이라는 방법을 사용해 영상으로 변환하는 것이다. 조사하는 광원의 위치를 좌우로 또 깊이로 변화시키면 3차원의 영상을 얻을 수 있다.

OCT 기술도 시간에 따른 간섭신호를 측정하는 시간영역 OCT$^{TD-OCT,\ Time\ Domain\ OCT}$와 빛의 파장 또는 주파수를 달리하여 간섭신호를 측정하는 주파수 영역 OCT$^{FD-OCT,\ Frequency\ Domain\ OCT}$로 크게 나눌 수 있다. 단일 파장을 이용하는 1세대 OCT인 TD-OCT는 낮은 신호 감도와 느린 스캔 속도의 한계로 거의 사용하지 않으며, 2세대 OCT인 FD-OCT가 시스템의 속도와 안정성이 높아 주로 사용된다.

주파수 영역 FD-OCT에 사용하는 광원으로는 파장 영역이 넓은 광대역 빛을 사용하거나 시간에 따라 파장이 빠르게 변하는 '초연속체 레이저SCL, Super Continuum Laser'를 이용할 수가 있다. 3세대 OCT라고 할 수 있는 이 SCL을 이용한 파장 훑음 광원wavelength-swept source 방식의 SS-OCT는 TD-OCT에 비해 프레임 수에서 5배, 영상 획득 시간에서 10배 이상 빨라 고화질의 고속 영상을 실시간으로 볼 수 있다. 최근에는 SCL 기술의 발전으로 파장 대역도 100nm 이상, 반복률도 1MHz 이상으로 높인 레이저 광원이 개발되어 3차원 입체영상을 실시간으로 볼 수 있다.

위에서 설명한 FD-OCT나 SS-OCT는 빛의 세기 변화를 측정하는 원리에 기반한 측정기술이었는데, 최근 빛의 편광 변화를 측정하는 편광 민감 OCTPS-OCT, Polarization Sensitive OCT도 개발되었다. 빛의 편광 상태에 따른 간섭신호를 측정함으로써 이와 관련한 조직의 복굴절 변화를 알아낼 수 있는 방법이다. 이 PS-OCT를 이용하면 해부학적인 영상과 함께 체내에서 일어나는 화학적인 변화나 동적인 움직임까지 구분할 수 있다. 인체를 구성하는 대부분의 생체조직은 광학적 비등방성 특성으로 인해 복굴절 특성을 보이는데, 이를 이용하여 상처의 치유 과정 등에 일어나는 단백질의 변성에 대해 모니터링할 수 있다.

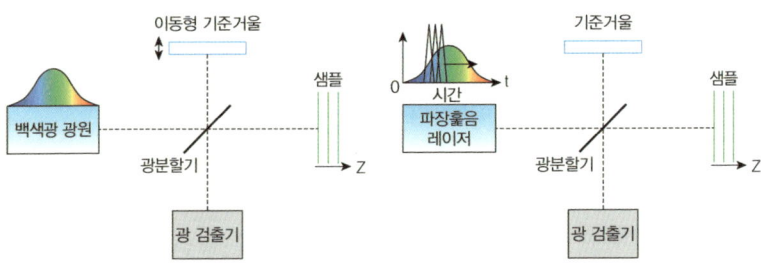

TD-OCT(왼쪽)와 SS-OCT(오른쪽)의 작동 원리[14]

22. 빛으로 에너지를 보다

• 오로라

북극에 가까운 핀란드, 노르웨이, 알래스카나 남극과 가까운 칠레, 뉴질랜드, 호주의 하늘에서는 빨간색, 초록색, 푸른색을 띠는 찬란한 빛의 향연을 볼 수 있다. 이를 오로라^{aurora}라고 하는데 태양과 우주에서 날아온 높은 에너지의 전기를 띤 전자와 양성자가 지구 대기권 상층부의 자기장과 마찰하여 내는 빛이다. 대전되어 플라즈마^{plasma} 상태인 이 입자들은 주로 태양에서 방출된 것인데, 지구 근처에 왔다가 지구 자기장에 이끌려 대기로 진입해서 생긴다.

오로라는 1619년 이탈리아의 천문학자 갈릴레이가 로마신화에 나오는 '새벽의 여신'이라는 이름에서 처음 따왔으며, 극지방에 가까운 특정한 지역인 오로라 구역$^{auroral\ zone}$에서 주로 나타난다는 것이 이미 1800년대 중후반에 서구의 과학자들에 의해 밝혀졌다. 우리나라에서도 고려와 조선시대에 오로라가 발견되었다는 기록이 있다. 특히 1770년 9월 10일 조선과 청, 일본의 밤하늘이 9일 동안 섬뜩한 붉은 빛으로 물들었다는 역사적 사실은 자기폭풍으로 인한 붉은 오로라 때문이라고 최근 밝혀지기도 했다.

국내에서 가장 최근에 발견된 오로라 기록으로는 2003년 경상북도에 있는 보현산 천문대에서 관측된 오로라이다. 요즈음 한국에서 오로라가 보이지 않은 이유는 발생 원인의 하나인 지구 자기장의 분포가 많이 달라졌기 때문이다. 고려와 조선시대에는 자기장의 북극이 시베리아에 위치하였지만 점차 이동해 현재는 캐나다에 있으며, 따라서 국내에서는 오로라를 거의 볼 수 없다.

오로라는 야간에는 위도 65~70°가 되는 범위의 지역에서 일어나며 주간에는 그보다 약간 높아진 75~80° 지역에서 나타난다. 또 오로라는 90~150km 상공에서 주로 나타나지만, 간혹 1,000km 이상의 높이까지 뻗쳐 보이기도 한다. 낮을 거쳐 밤늦은 시간 동안에는 수백 km의 높은 상공에서 커튼 모양의 오로라로 나타나고, 이후 아침까지는 낮게 내려와 엷은 배경처럼 나타난다.

대기 중에 있는 질소와 산소의 전자들은 태양에서 방출된 전자와 양성자와 충돌하면서 에너지를 받아 높은 에너지 준위로 올라가고, 이 전자들은 즉시 아래의 낮은 에너지 준위로 떨어진다. 이때 빛이 방출되는데 이것이 오로라이며 에너지 차이에 따라 색이 달라진다. 초록색과 빨간색의 오로라는 산소에 의한 발광이고 파란색과 핑크색의 오로라는 질소에 의한 발광이다. 빨간색은 200km보다 높은 곳에서 강하게 나타나고 초록색과 파란색은 100~200km에서, 핑크색은 높이 100km 이하 낮은 곳에서 강하게 나타난다. 이런 고도에 따른 발광 현상의 변화로 커튼 형태의 오로라는 상부는 빨간색, 중앙은 청록색, 하부는 분홍색 등으로 나타난다.

• **코로나 방전을 이용한 키를리안 사진**

일반적으로 두 전극 사이에 절연체를 놓고 전기를 통하면 절연체 때문에 전류가 흐르지 않는다. 반면 전압이 아주 높으면 절연 파괴가 일어나 절연체를 통과해서 전류가 흐른다. 만약 전압을 조절하여 절연 파괴를 일으키기에는 낮으나 적당히 높이면 전극 주변에 있는 공기가 부분적으로 이온화되어 희미하게 빛이 난다. 이러한 발광 현상을 코로나 방전corona glow이라고 하는데, 절연체로 분리된 두 전극 사이에 특정 크기의 전압이 걸렸을 때 나타나는 현상이다.

이러한 코로나 방전을 이용하면 물체의 사진도 찍을 수 있는데, 1890년대 말 동유럽권에서 전기사진술electrography 또는 전자사진술electrophotography로 알려진 사진 기법이었다. 1939년 체코슬로바키아에서는 광채가 나는 잎의 사진을 실은 책이 출판된 바 있다. 같은 해에 러시아에서는 병원에서 고주파 치료를 받는 환자의 피부에서 빛이 나오는 것이 키를리안 부부Semyon Davidovich Kirlian, 1898-1978; Valentina Khrisanfovna Kirlian, 1904-1971에 의해 우연히 발견되었다. 이에 키를리안은 고주파 고전압의 전기를 피사체에 가하는 후속 실험을 통해 피사체 주변으로 발광되는 것을 확인하였다. 1958년에 키를리안은 체계적인 연구를 통해 발광에 관한 실험 결과를 발표하였으나 1970년이 되어서야 서구 세계에 알려지게 되었다. 코로나 방전을 이용해 찍는 사진을 이젠 발견자의 이름을 따서 키를리안 사진Kirlian photography이라고 부른다.

전극 사이에 생명이 없는 물체에서부터 생명체인 식물이나 동물을 놓아도 코로나 방전은 일어나고, 방전의 결과로 나타나는 빛은 사진으로 찍을 수 있다. 인체를 촬영해도 사진을 얻을 수 있는데 사람마다 방전의 형태나 밝기, 색이 다르게 나타난다. 방전이 일어날 때 전압에 미세한 변화가 있거나 피사체 주변의 공기의 흐름이 발생하면 방전 시 발생하는 플라즈마의 온도에 변화가 일어나 사진도 달리 나올 수 있다.

몸에서 기氣가 나온다고 주장하는 기 수련자들은 키를리안 사진을 이용해 사람의 건강 상태를 알 수 있다고 하는데 정확하게 밝혀진 바는 없다. 병이 나기 전후의 키를리안 사진을 비교하여 사람이 아프게 되면 기의 흐름에 변화가 생겨 사진에 명확하게 나타난다고 주장한다. 특별히 손가락이 인체의 종합적인 건강 정보를 간직하고 있다고 하여 손가락 끝의 키를리안 사진을 찍어 판단하기도 한다. 한의학의 경락 이론에 따르면 인체의 육장육부를 통하는 경락의 시작과 끝이 손가락이므로 손가락 끝에서 기가 가장 강하게 나타나며 전기적으로도 방전효과가 가장 크다고 한다.

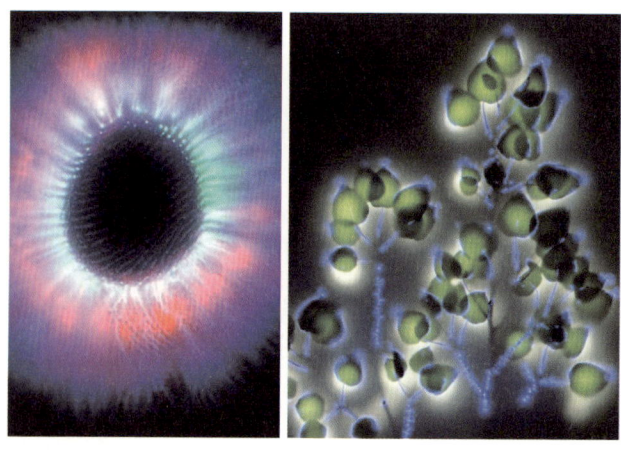

손가락 끝과 나뭇잎의 키를리안 사진[15]

또한 금방 딴 잎과 시든 잎의 사진을 비교하여 금방 딴 싱싱한 잎에서 뚜렷한 광채가 나는 것은 생체 에너지가 더 많이 남아 있기 때문이라고 한다. 더욱이 싱싱한 잎은 그 일부를 잘라낸 다음에 촬영하면 잘려서 없는 부분까지 사진에 찍혀 나오는 유령효과 phantom effect가 있음이 발견되었다. 최근 러시아의 생물 물리학자들도 DNA에서도 비슷한 현상을 발견하였고, 세포 속의 DNA도 파동으로 정보를 교환할 수 있다는 파동유전학wave genetics으로 설명하고 있지만, 아직도 미지의 영역이라고 할 수 있다.

이 세상에 존재하는 모든 물체에서는 온도와 관련한 열에너지인 복사에너지가 나온다. 특별히 살아 있는 생명체에서 나오는 에너지를 생체 에너지vital energy라고 부른다. 생체 에너지를 우리 눈으로는 볼 수가 없으나 한국과 중국에서는 기라고 하며 인도에서는 프라나prana, 그리스에서는 프네우마pneuma 등으로 부른다. 특히 생체에서 방사되는 에너지 장을 오라aura라고 하는데 이의 존재 여부를 직접 증명하기는 어렵다. 오라를 인체 내에 존재하는 전자기파 또는 자기장의 흐름으로 주장하는 과학자도 있다.

독일에서는 80만 명의 환자를 대상으로 고주파 고전압의 전기를 걸어 키를리안 사진을 촬영해 분석한 결과, 한의학의 경락 이론과 일치하는 사진 패턴을 발견했다고 한다. 그러나 키를리안 사진에 기록된 정보를 생체 에너지라고 단정할 수는 없다. 공명 현상을 일으키는 고주파는 인체와 공명을 일으킬 수 있으며 이 공명 현상에 의해 코로나 방전에 의한 생체 에너지 상태에 대한 정보가 실린다고 하는 의견이 제시되기도 하였다.

오로라 모양의 발광 현상은 단순히 물체에서 나오는 수증기와 전기장이 결합하여 사진 건판에 영향을 미쳐 발생한 물리적 현상에 불과하다는 주장도 나왔다. 생명의 유무와 관계없이 수증기를 발산하면 발광이 일어나며, 금방 딴 잎이 마른 잎보다 수증기가 많아 더 밝게 보이는 것은 자명하다는 것이다. 만약 물체를 비닐로 습기가 새어나오지 않도록 잘 밀봉해 키를리안 사진을 찍으면 광채는 보이지 않는다는 것이다.

최근에는 코로나 방전에 의해 발생하는 빛을 사진으로 촬영하는 방법 외에도 투명전극을 이용하면 직접 동영상으로 볼 수 있고 저장할 수도 있다. 키를리안 사진을 판독한 결과가 한의학에서 말하는 인체의 경락과 일치하기 때문에 이를 통해 기의 흐름을 알 수 있고, 따라서 이를 이용하면 기와 관련한 질병을 예측하고 진단할 수 있다고 대체의학자들은 주장하고 있다. 아직도 인체의 코로나 방전과 기 그리고 건강과의 관계는 밝혀지지 않은 영역이지만 키를리안 사진술은 의학 분야에서 다각도로 활용이 모색된다. 컴퓨터 단층촬영이나 자기공명영상 등 의학영상기술과 키를리안 사진과의 결합 등 의료진단 시스템의 진보를 기대해본다.

제4장

빛으로 미래(未來)를 열다

23. 빛으로 정보를 저장하다 • 168
24. 빛으로 정보를 재생하다 • 174
25. 빛으로 통신을 하다 • 182
26. 빛으로 암호를 주고받다 • 188
27. 빛으로 흔적을 감별, 감식하다 • 195
28. 빛으로 투명망토를 구현하다 • 201
29. 빛으로 온도를 측정하다 • 207
30. 빛으로 자르고 깎아내다 • 213
31. 빛으로 전기를 만들다 • 217
32. 빛으로 빛을 만들다 • 222

제4장
빛으로 미래(未來)를 열다

23. 빛으로 정보를 저장하다

사진을 찍으면 피사체의 영상정보가 필름에 저장된다. 이 필름을 인화하면 피사체의 정보가 그대로 들어 있는 사진으로 나타난다. 태양광이 비쳐 피사체에서 반사되어 나오는 특정 파장의 빛들이 색이 되어 필름에 찍히는 것이다. 필름 대신에 CCD 영상저장 장치에 빛의 정보를 2차원적으로 기록하여 재생해보는 것이 요즈음의 디지털 사진기이다. 이 모두 빛이 없으면 불가능하다.

• CD와 DVD

정보를 저장하는 또 다른 형태의 매체로 CD$^{Compact\ Disc}$나 DVD$^{Digital\ Versatile\ Disc}$가 있는데 영상정보를 플라스틱판에 기록해 넣은 것이다. 자연에 존재하는 피사체에서 나오는 빛을 숫자화하면 모든 영상을 숫자의 조합으로 바꿀 수 있다. 특정한 색을 좌표상의 한 점으로 나타내고 이 한 점의 색 정보를 2진법의 숫자로 표시하여 새겨 넣는다. 다음 이 숫자를 거꾸로 돌려보면 원래의 색과 정보를 알 수 있는 원리다. 2진법은 0과 1로만 이루어진 수를 만드는 방법인데 각각 비트^{bit}가 되어 빠르게 연산할 수 있다. 2진법 수를 더 빠르게 처리하기 위해 8개의 비트를 묶어 바이트^{byte}로 만들어 사용한다. 빛이 없으면 0, 빛이 나오면 1이라고 정하여 디지털화된 영상정보를 기록하고 저장하며, 빛을 감지하는 소자를 통해 영상정보를 재생한다.

정보를 기록하는 방식은 먼저 입력할 디지털 데이터를 CD나 DVD의 뒷면에 작은 홈을 내어 만드는 것이다. 정보의 재생은 플레이어에서 나오는 레이저 빛으로 홈의 위치를 순차적으로 찾아내며 이루어진다. CD나 DVD의 홈 안쪽 면에는 거울 역할을 하는 알루미늄 박막 층이 있어 레이저를 쪼여주면 홈의 유무에 따라 빛의 반사가 이루어진다. 이때 빛이 나오는 부분을 광소자로 감지해 홈의 배열을 분별해 디지털 정보가 재생되는 것이다. DVD는 새겨진 홈의 간격이 약 400nm로 CD보다 작아 데이터 용량이 많으며, 정보의 재생 시에는 파장이 짧은 파란색의 레이저 광원을 사용한다.

상업용 CD나 DVD는 금속판을 이용해 데이터에 따라 홈이 파진 원판을 먼저 만들고 이를 이용해 플라스틱을 찍어내어 만든다. 필요할 때마다 직접 정보를 기록하는 방법으로는 빛을 쪼이면 색이 변하거나 결정상태가 변하는 수지가 코팅된 CD나 DVD를 이용한다. 강한 빛을 쪼여 데이터를 기록하여 저장하고, 약한 빛을 비춰 반사되어 나오는 빛의 세기의 차이를 구분하여 정보를 재생하는 방법이다. 이런 종류는 정보를 쓰고 지우고 할 수 있는 장점이 있다.

CD나 DVD는 미리 데이터가 수록된 정보를 재생하거나 정보를 기록하기 위해 플레이어 장치가 필요한데, 빛의 세기를 전기신호로 바꿔주는 광소자인 CCD는 영상정보를 받자마자 동시에 재생해볼 수 있다. 따라서 CCD가 장착된 스마트폰이나 디지털 카메라는 촬영과 동시에 화면에서 볼 수 있다. 빛을 받아들여 저장하는 매체의 해상도는 각각의 빛을 읽어 들이는 화소^{pixel}가 단위면적당 많을수록 높아진다. 디지털 카메라와 스마트폰에 장착된 CCD 화소의 개수는 2000년도 이전에는 1제곱인치당 수백만 개에 불과했지만 반도체 설계 및 제조 기술의 발전에 힘입어 2010년이 되기 전에 벌써 수천만 개, 2019년에는 1억 8백만 개를 달성한 바 있다. 2021년 9월에는 업계 최초로 삼성전자가 화소 수 2억 개를 달성하여 디지털 카메라 기술의 변화를 주도하고 있다.

• 바코드

또 다른 형태의 데이터 저장 방법으로 사진기와 CCD와는 다르게 아주 간단하고 값싼 방법으로 제작하는 기술이 있다. 종이에 인쇄하여 빛을 쪼여 읽는 바코드$^{bar\ code}$와 QR$^{quick\ response}$ 코드라는 것이다. 바코드는 막대^{bar}로 이루어진 부호^{code}란 뜻으로 길쭉한 막대 모양의 수직선으로 이루어진 무늬의 일종으로, 수직선의 검은색과 흰색을 빛으로 읽어 정보를 알아낸다. 세로 방향의 바코드 폭 전체를 읽어야 하므로 직선 모양의 빛이 나오는 레이저를 가로 방향으로 비춰서 저장된 정보를 인식한다. 검은색 막대는 빛을 흡수해 빛이 나오지 않고 흰색 막대는 빛을 반사해 나오므로 판독기가 빛을 검출해 2진법으로 코드 해놓은 정보를 인식하는 것이다.

정보를 저장하기 위한 바(bar)코드와 QR 코드

    1952년에 미국에서 처음 발명된 바코드는 검은색 바탕 면에 기준선인 첫 번째 가는 흰색 막대를 놓고 그 옆에 흰 막대를 놓아 3개까지 배열해놓은 간단한 형태를 가지고 있다. 흰 막대는 2진법 수의 1을 말하고 흰 막대가 없으면 0으로 지정한다. 흰 막대가 3개가 다 있으면 111, 제일 끝에 하나만 있으면 001, 중간 막대만 있으면 010이다. 이 2진법 숫자를 우리가 사용하는 10진법 수로 바꾸면 각각 7, 1, 2가 된다. 따라서 흰 막대의 위치와 수를 달리하면 0에서 7까지 8($=2^3$)가지의 숫자로 표시할 수 있다. 만약 흰 막대의 수가 4개가 되면 16($=2^4$)가지의 숫자, 5개가 되면 32($=2^5$)가지의 숫자로 표시할 수가 있어, 막대의 수가 많아질수록 표시할 수 있는 숫자가 지수 함수적으로 증가한다. 각 숫자에 원하는 정보를 적용시키면서 정보를 저장하는 것이다.

    현재 우리나라에서 상품에 사용하는 보편적인 바코드는 'KAN 13 바코드'라고 하는 13자리 숫자로 만든 바코드인데, 처음 3자리는 국가 번호, 다음 4자리는 제조업체 번호, 그 다음 5자리는 상품명 번호 그리고 마지막 1자리 숫자는 에러 체크 번호로 이루어져 있다. 실제로 막대의 굵기도 다르고 색을 달리하여 좀 더 많은 정보를 기록한다.

- QR 코드

반면 QR 코드는 바코드의 수직선에 가로선을 결합해 격자무늬 모양으로 만든 것으로, 1994년 일본의 자동차회사에서 처음 발명하였다. 초기에는 자동차 조립을 위한 각종 부품을 관리하는 데 사용되었고, 국제 표준 또한 많은 개정을 거쳐 2015년에 ISO/IEC 18004:2015 라고 하는 현재의 표준안으로 발전해왔다. QR 코드는 정사각형의 네모 틀 속에 조그만 네모와 점들로 이루어진 무늬가 모여 있는 형상을 하며, 바코드보다 정보의 용량을 더 많이 넣어야 할 때 사용한다. 초기의 버전-1에서부터 현재 버전-40에 이르기까지 다양한 버전이 있으며, 버전마다 코드의 크기도 다르고 포함할 수 있는 정보의 양도 다르다.

QR 코드는 최대 7,089자의 숫자와 최대 4,296자의 영문자와 숫자를 8-비트 바이트로 최대 2,953 바이트까지 담을 수 있다. 물론 QR 코드 안의 네모 무늬가 작을수록 담을 수 있는 숫자는 늘어나지만 필요한 면적 또한 늘어나 그 크기에는 한계가 있다. QR 코드는 무질서한 무늬의 집합체로 보이지만 여러 영역으로 나누어 데이터의 표현과 읽는 방식을 수월하게 한다. 버전 정보, 포맷 정보, 데이터 및 에러 정정, 위치와 정렬 및 시간 등의 실제 필요한 정보 등의 영역으로 나누어져 있다.

QR 코드는 바코드에 비해 많은 정보를 담을 수 있어 스마트폰에 적용하여 많이 사용한다. QR 코드로 미리 정보를 확인한 후 원하는 음식을 주문하거나 영화관의 티켓을 예약하는 등이다. 최근에는 COVID-19 사태로 개인의 신상이 들어 있는 QR 코드를 방문하는 장소에서 제시하여 시간 및 개인 정보를 제공한다. 또한 QR 코드의 기본적인 정보의 저장 기능 외에 색깔을 달리하거나 로고 등을 함께 넣어 많은 회사들이 홍보에도 이용하고 있다.

QR 코드는 별도의 판독기로 빛을 비춰 정보를 읽거나 스마트폰의 카메라 기능을 이용해 사진을 찍어서도 정보를 취득한다. 최근에는 개인 일상의 내용이나 정보를 편집하여 QR 코드로 만들어 저장하거나 타인에게 보내기도 한다. 정보를 압축하여 하나의 무늬 속에 축약하여 저장하는 매체가 된 것이다. 그러나 만약 QR 코드에 악성코드를 심어놓으면 유해 정보에 노출될 수 있으므로 검증된 곳에서 제공하는 QR 코드가 아닌 경우 주의가 필요하다.

이러한 일반적인 QR 코드와는 다르게 무늬 전체를 더 작게 만든 'Micro QR 코드'라는 것이 있다. Micro QR 코드는 저장할 수 있는 정보의 양이 숫자로는 최대 35자밖에 되지 않지만 위치정보 무늬가 세 군데 코너에 있는 QR 코드와는 달리 한 군데에만 있는 특징이 있다. 따라서 Micro QR 코드는 QR 코드보다 더 작게 인쇄하여 만들 수 있으며, 주로 전자 부품의 정보 등을 인식하기 위한 산업용으로 많이 사용된다.

또 다른 형태의 QR 코드로 매트릭스 방식으로 만들어진 'iQR 코드'라는 것도 있다. 기존의 QR 코드나 Micro QR 코드보다 크기를 작게나 크게 할 수 있고 더 많은 정보도 저장할 수 있는 코드이다. 기존의 QR 코드와 같은 크기라면 80% 늘어난 정보를 저장할 수 있으며, 같은 정보량이라면 크기를 30% 작게 만들 수 있다. iQR 코드의 최대 버전은 가로 422, 세로 422의 셀^{cell}로 이루어진 것으로 최대 40,637개의 숫자를 저장할 수 있다. 다른 장점으로는 정사각형이 아닌 직사각형으로도 만들 수 있어 정사각형 QR 코드로는 인식이 어려운 원통형 제품에도 인쇄할 수 있다. 또한 흑백 무늬를 반전해서 인쇄하거나 닷 패턴 dot pattern 으로도 인쇄가 가능하다.

QR 코드는 누구나 자유롭게 제작해 사용할 수 있으며 제작 방법도 어렵지 않다. QR 코드를 제작할 수 있는 인터넷 사이트도 많이 개설되어 있다. 중소기업벤처부와 서울시가 공동으로 추진하는 '제로페이' 또한 QR 코드로 간편하게 결제하게 하는 금융서비스이다. QR 코드의 일반화가 급속하게 진행됨에 따라 위·변조 또한 발생하여 금융감독위원회는 2018년 말에 QR 코드 표준을 만들었다. 국제표준에 따라 결제의 편의성을 개선하고 위·변조 이용 방지를 위한 QR 코드 내 자체 보안기능을 갖추도록 한 것이다. QR 코드 표준은 고정형 QR 코드의 경우 위·변조 방지를 위해 특수필름을 부착해야 하고, 스마트폰의 앱을 이용한 변동형 QR 코드는 유효시간을 3분 이내로 해야 하는 것 등이다. 또한 QR 코드에 민감한 개인정보와 신용정보를 포함하지 못하게 금지하고, QR 코드 훼손 후 가짜 정보를 담는 위·변조 행위를 방지하기 위해 오류 복원율을 일정 수준 이하로 제한했다.

24. 빛으로 정보를 재생하다

• 홀로그래피

CD나 DVD 같은 저장매체에 홈을 직접 새겨 정보를 저장하고 빛으로 재생하는 방법과는 전혀 다르게 정보를 저장하는 기술이 있다. 빛들이 만나서 2차적으로 생기는 빛의 간섭이나 회절 현상을 이용하며,

영상 자체를 기록하는 사진기술과는 달리 피사체의 표면에 발생한 빛의 간섭무늬를 저장하는 기술이다. 홀로그래피holography라고 부르는 기술인데 위조가 어려워 보안이 필요한 곳에 많이 사용된다.

피사체에 반사된 빛이 간섭하거나 회절하여 그 세기와 밀도가 달라진 빛의 무늬를 기록한 것이 홀로그램hologram이다. 빛의 무늬 자체에는 피사체의 영상은 보이지 않으나, 빛을 비추면 간섭무늬에 빛이 회절하여 원래 피사체의 영상이 똑같이 재현된다. 이렇게 만들어진 홀로그램은 여러 조각으로 잘라져도 각각의 조각에서 전체의 영상이 재현되는 장점이 있다. 물론 조각이 작아지면 영상은 희미해진다. 이러한 홀로그램을 기록하는 매체로 사진 건판이나 필름을 사용할 수 있고 다른 물질을 사용할 수도 있다. 물체의 형상이 빛의 무늬로 바뀐 것이므로 거꾸로 빛을 조사해 물체의 원래 모습을 재현하는 것이다.

홀로그램은 '빛이 가지고 있는 모든 정보를 담는다'는 의미의 그리스어에서 유래한다. 전자기파인 빛은 파동 고유의 특성인 진폭amplitude과 위상phase을 가지고 있는데, 진폭은 빛의 밝기를, 위상은 물체의 위치를 판단하는 정보를 제공한다. 빛의 간섭 현상을 이용하여 빛의 위

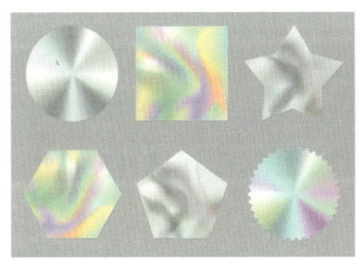

스티커 형태의 홀로그램과 허공을 나는 벌새의 3차원 동영상 홀로그램[1]

상을 기록할 수 있다는 것은 1948년 헝가리 출신의 영국의 물리학자인 가버Dennis Gabor, 1900-1979가 전자현미경의 해상도를 개선하던 중 제안한 기술이다.

가버는 수은 램프로부터 나오는 빛을 두 개로 나눈 다음, 피사체를 비춰 반사되어 나온 물체광object beam과 또 다른 빛인 기준광reference beam이 만나 생긴 간섭무늬interference pattern를 감광제를 이용하여 기록했다. 이 간섭무늬를 기준광으로 비추면 원래의 물체가 그대로 재생되어 나타났다. 램프광을 이용해 얻어진 피사체의 홀로그램은 희미하고 화질이 좋지 않아 아쉽게도 그 당시에는 관심을 불러일으키지 못했다. 만약 일반 빛이나 수은 등에서 나오는 빛 대신 단일 파장의 위상이 일정한 레이저 빛이 있어 사용했더라면 훨씬 깨끗한 영상을 얻을 수 있었을 것이다. 1960년 이후에 발명된 루비ruby 레이저, He-Ne 레이저를 램프를 대신한 광원으로 사용하면서 홀로그램의 기록과 재생 기술도 비약적인 발전을 하게 된다. 1971년에 가버는 홀로그래피 기술을 인정받아 노벨 물리학상을 받았다.

신용카드의 위조 방지 목적으로 1983년 마스터카드에 최초로 사용된 무지개 홀로그램은 1968에 미국의 물리학자 벤턴Stephen Anthony Benton, 1941-2003에 의해 개발되었다. 좁은 간격의 슬릿slit을 물체의 상과 같이 기록하고, 재생할 때는 홀로그램 앞에 슬릿의 영상이 같이 재생되어 이 슬릿을 통해 물체의 영상을 관찰하는 방식을 사용했다. 이 방식은 상이 밝고 보통의 실내조명에서도 컬러로 재현된다는 장점이 있어 VISA, BC 카드 등 신용카드뿐만 아니라 다양한 제품의 정품 표시로도 이용되고 있다.

• 아날로그 홀로그램

빛의 간섭 현상에 의해 입체 영상이 구현되는 홀로그램은 아날로그와 디지털 방식이 있다. 빛을 2개로 나누어 하나는 거울에 또 하나는 피사체에 비추면 거울에서 반사된 빛과 피사체에서 난반사된 빛인 물체광이 겹쳐져 간섭이 일어난다. 간섭 현상으로 생긴 간섭무늬를 기록하여 정지된 입체 영상을 만드는 방식을 아날로그 방식이라고 한다. 아날로그 방식은 홀로그램을 기록하기 위해 사진 건판이나 필름 등의 저장매체storage device를 사용한다. 반면 디지털 방식은 간섭무늬interference pattern를 기록하는 매체로 광수신 소자를 이용하고 홀로그램의 재생 시에는 광변조기optical modulator를 이용한다.

홀로그램은 물체광이 지닌 위상 정보를 온전하게 기록해야 하므로 이상적으로는 빛의 파장(약 400~700nm)보다 작은 크기의 화소가 필요하다. 모든 파장이 섞인 자연광을 광원으로 사용하면 각기 다른 파장을 가진 빛의 회절 현상으로 상이 흐려지지만, 한 가지 파장의 단색

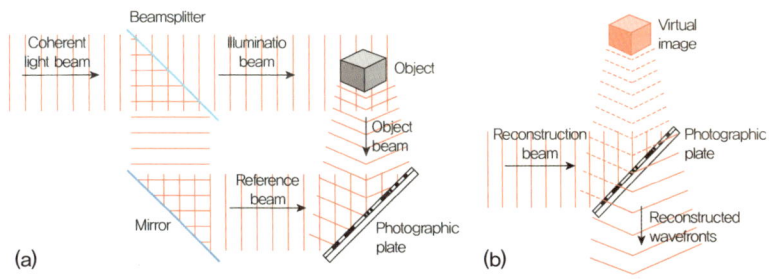

(a) 홀로그램의 기록: 광원에서 나온 빛을 광분리기(beamsplitter)에서 두 개의 빛인 조사광(illumination beam)과 기준광(reference beam)으로 나눈 후 조사광이 피사체를 맞아 나온 빛인 물체광(object beam)과 기준광이 만나 생긴 간섭무늬를 사진건판에 기록한다. (b) 홀로그램의 재생: 간섭무늬가 새겨진 사진건판에 기준광을 비추면 피사체가 가상의 이미지로 재생된다.[2]

광인 레이저를 이용하면 더욱 선명한 상을 얻을 수 있다. PC용 프로그램이나 CD에 붙어 있는 컬러 문양의 조그만 스티커, 입체 사진, 지폐나 신용카드 등에 위조 방지를 위해 들어 있는 그림은 아날로그 홀로그램의 예다. 정품의 확인이나 복사나 위조를 방지하기 위해서 붙이는 것인데, 최근 정부에서도 2020년 9월부터 발급된 자동차 번호판에도 위·변조를 방지하기 위한 홀로그램을 넣어 비스듬한 각도로 보거나 빛을 비출 경우에 식별이 가능하도록 하였다.

 빛의 간섭으로 정보를 알 수 있다는 것은 연못에 떨어진 돌과 이로 생긴 물결파의 비유로 쉽게 이해할 수 있다. 연못에 돌 하나를 던지면 동심원의 물결이 퍼져나가는데, 나중에 물결만 본 사람도 물결의 모양에서 원의 중심 위치를 유추할 수 있다. 돌 두 개를 던지면 두 개의 동심원이 퍼져나가면서 간섭이 서로 일어나는데 이 물결의 간섭무늬를 거꾸로 유추해보면 돌이 떨어진 두개의 자리를 알 수 있다. 즉, 물결파동의 모양은 돌이 언제 어디서 떨어졌다는 정보를 담은 것이라 할 수 있다. 물결의 파동처럼 빛도 파동의 성질을 가지고 있으므로 빛의 간섭 현상을 이용하면 정보를 저장하는 매체를 만들 수 있고 그 정보를 되돌려 볼 수도 있다. 이것이 홀로그래피 기술의 원리다.

 이 홀로그램을 정보의 저장이라는 입장에서 보면 그 특성상 비록 일부분이라도 물체에서 발생한 모든 정보를 가지고 있다. 즉, 물체를 기록한 홀로그램의 작은 조각이 한 점이라도 물체의 표면 정보를 완전하게 기록하고 있다고 할 수 있다. 홀로그램을 만들 때의 물체가 2차원이거나 3차원이면 거기에 따른 정보를 2차원이나 3차원으로 만들어 재생할 수가 있는 것이다. 이렇게 기록된 홀로그램의 일부분이 훼

손되어도 정보를 재생하는 데는 문제가 없어 정보를 보관해야 하는 메모리로 사용할 수 있다.

• 디지털 홀로그램

또 다른 방식인 디지털 홀로그램은 수학적 계산과 처리를 통해 간섭무늬를 만들고 이것을 데이터로 기록하여 3차원 동영상을 재생하는 방법이다. 3차원의 동영상 이미지의 데이터는 카메라의 CCD나 CMOS Complementary Metal-Oxide Semiconductor와 같은 이미지 센서를 이용해 얻는다. 홀로그램 간섭무늬는 이미지 센서를 통해 디지털 전기신호로 변환되고, 전기신호는 광변조기를 통해 간섭무늬로 변환된다. 디지털 신호로 생성된 홀로그램 정보는 사용자가 편집하여 가공할 수 있다.

또한 디지털 신호는 이미지 센서를 통하지 않고도 이론적인 계산으로도 생성될 수 있는데 이를 CGH Computer Generated Hologram라고 부른다. 입력된 홀로그램 데이터는 공간광변조기 SLM, Spatial Light Modulator라고 하는 장치를 통해 미세한 거울이 배열된 구조의 DMD Digital Micromirror Device나 액정을 기반으로 한 LCoS Liquid Crystal on Silicon 등의 디스플레이나 공간상에서 3차원 영상으로 재현된다.

그런데 재현되는 홀로그램 영상은 회절된 빛의 간섭에 의해서 생성되므로, 영상은 빛의 회절 각도 안에서만 존재하는 한계가 있다. 파장이 650nm인 적색광을 이용했을 때 4μm 크기의 화소는 ±5° 이상의 시야각은 제공하지 못한다. 최근 회절각과 화면의 크기를 키우기 위해 화소의 피치가 작고 해상도가 높은 공간광변조기의 개발을 위해 많은 노력을 기울이고 있다. 이상적인 디지털 홀로그램의 구현을 위해서는 픽셀 크기가 1μm 이하인 공간광변조기가 필수적이며 넓은 시야각과 대화면의 3차원 영상을 위한 기술 개발이 더욱 요구된다. 이러한 공간광변조기의 자체 성능을 향상시키고자 하는 노력 외에도 시분할이나 편광분할 등의 다양한 방법을 통해 홀로그램의 성능을 높이기 위해 많은 연구가 진행 중이다. 그럼에도 아직까지 구동면적의 크기 및 화소의 크기와 간격의 측면에서 아날로그 홀로그램과 비슷한 수준의 디지털 영상을 구현하기에는 미진하다고 볼 수 있다. 박물관이나 과학관 등에서 종종 볼 수 있는 허공에 나타나는 사람이나 동물의 홀로그램 영상은 이러한 디지털 방식으로 만드는 것인데, 공상과학영화 속에 종종 등장하는 이런 장면은 우리에겐 꽤 친숙한 편이다.

한편 엔터테인먼트 분야에서는 홀로그램 기술과 유사한 기술을 이용한 공연이 이루어지고 있다. 2014년에 미국에서 열린 빌보드 뮤직 시상식에서 이미 사망한 마이클 잭슨이 무대 위에서 밴드와 댄서들과 함께 공연하는 놀라운 모습이 연출된 바 있다. 기술적인 관점에서 보면 이는 무대에 설치된 투명한 스크린에 반사된 3차원 영상을 보여준 것에 불과하며 온전한 홀로그램은 아니다. 무대 바닥에 거울을 놓고 그 위에 45°로 기울어진 투명한 플라스틱판을 설치하여, 미리 제작된 2차원 영상을 바닥에 설치된 거울에 비추면 반사된 영상이 무대 위의 허공에 떠 보이게 한 것이다. 이러한 플로팅 디스플레이 floating display 라고 불리는 3차원 공연은 실제로는 깊이감이 없는 2차원 영상을 허공에 보여주는 것에 불과하다. 최근 투명 플라스틱을 피라미드 모양으로 만들어 스마트폰 화면 위에 거꾸로 세운 뒤 영상을 틀면 허공에

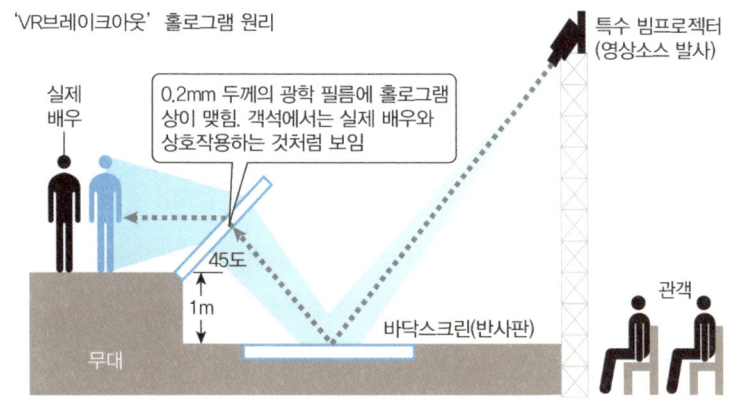

플로팅 홀로그램의 원리[3]

떠 보이게 하는 플로팅 홀로그램floating hologram이 오락처럼 시연되고는 한다.

홀로그램은 빛의 위상 정보를 간섭무늬의 형태로 3차원 공간상의 정보를 2차원 평면에 기록하는 것이므로 착시 현상visual illusion이 아니며, 따라서 눈의 피로감이 적고 자연스러운 영상을 보여준다. 홀로그램 기술을 이용한 산업적인 응용은 다양한 분야에서 이루어지고 있다. 한 장의 필름에 데이터를 기록해 대용량의 정보를 저장하는 메모리 매체로 사용할 수 있다. CD나 DVD처럼 밝기의 정도를 한 점bit씩 좌표처럼 저장하는 기존 방식과는 달리 홀로그램 메모리는 평면이나 3차원의 전체 정보를 한 점에 기록하는 방식을 사용한다. 따라서 정보의 저장량은 홀로그램이 월등하게 많다고 할 수 있다. 더욱이 홀로그램의 공간을 나누어 각 부분에 정보를 저장해 공간의 크기만큼 정보의 용량을 더 늘일 수 있다. 또한 홀로그램의 제작 시 기준광의 입사 각도를 변화시키거나 기준광의 파장을 달리하여 기록하면 그 만큼 더 늘어난 대용량의 정보를 저장할 수 있다.

사물의 정보를 정밀하게 획득하고 구현할 수 있는 홀로그램 기술은 기계 산업 분야, 의료 분야, 기록 및 전시 분야에서도 많이 활용되고 있다. 기계부품의 설계 데이터를 이용해 3차원 입체영상을 미리 만들어봄으로써 품질 향상에 시간과 비용을 절감할 수 있고 비파괴 검사 분야에도 응용된다. 이와 함께 눈앞에서 계기판의 표시와 주행정보를 시야와 함께 동시에 볼 수 있도록 만든 자동차와 항공기의 전방시현장치HUD, Head-Up Display에 적용하여 안전한 운행을 도모하고 주행정보를 실시간으로 제공받을 수 있다. 또한 최근 급격한 발전을 보이고 있는 자율주행 자동차의 위치 감지나 로봇 간의 인식에도 사용될 수 있다. 의료용 홀로그램은 3D 영상을 통해 수술의 정확도를 높일 수 있고, 3차원 영상을 넘어 증강현실AR, Augmented Reality에 적용되어 가상회의, 의료진단, 원격 수술 등에 활용할 수 있다. 그리고 주요한 자연의 모습과 건축물 등의 문화재를 정확하게 기록하고 보존하여 언제든지 재생할 수 있도록 하며, 가상의 전시품을 재현하고 전시하는 데도 유용하다.

25. 빛으로 통신을 하다

우리는 말과 행동을 통해 서로 소통을 한다. 말은 음성신호로 행동은 영상신호로 주고받는 통신이라 할 수 있다. 서로 가까운 곳에 있을 때는 들리고 볼 수 있어서 신호를 쉽게 주고받을 수 있다. 만약 멀리 떨어져 있다면 청력과 시력에는 한계가 있어 통신하기는 불가능하다. 신호를 멀리 보내는 수단과 이 신호를 알아볼 수 있는 방법이 있으면 가능하다. 연기와 횃불을 이용해서 신호를 주고받는 봉화는 가장 오래된 장거리 통신수단이라 할 수 있으며, 바닷가 등대의 불빛도 항해 중에 이용한 통신의 한 방법이다. 즉, 횃불과 등대의 불빛은 빛을 매개로 한 간단한 광통신이라 할 수 있다.

나라에 변란이나 전쟁 같은 시급한 일이 터졌을 때 신속하게 알릴 수 있는 봉화는 삼국시대 때부터 조선시대까지 사용하였다는 기록이 남아 있다. 멀리 떨어진 곳에서도 볼 수 있도록 높은 곳에 축대를 쌓아 불을 피워 연기나 빛을 만든다. 한 곳에서 밝힌 불빛 신호를 보고 다른 곳에서 불을 밝혀 연속적으로 신호를 전달하는 방식으로 통신을 하였다. 불빛으로 전할 수 있는 내용을 규약으로 만들었는데, 조선시대에는 5개의 봉홧불로 정보를 전달하였다. 평상시에는 봉홧불 1개, 적이 나타나면 2개, 해안이나 변경에 접근하면 3개, 변경을 침범하면 4개, 적과 교전이 벌어지면 5개를 피워 올렸다. 전달할 수 있는 내용의 양은 극히 제한적이었고 연속적으로 피우는 봉홧불 통신의 속도는 빠르지 못했다. 이런 봉화를 이용한 통신은 옛날부터 내려온 전 세계적인 신호 전달 방법이었으며 가장 기초적인 수준에서 현재의 디지털 신호로 통신하는 광통신의 일종으로 볼 수 있다.

봉홧불 통신으로 가능했던 정보의 양과는 다르게 엄청나게 많은 양의 정보는 어떻게 주고받을 수 있을까? 정보를 눈으로 식별하는 방법 대신 빠른 속도의 전파나 빛에 실어 보내면 가능하다. 만약 정보를 전파에 실어 보내 공중으로 보내면, 즉 송신을 하면, 수신기가 되는 라디오나 텔레비전을 통해 이 정보를 받을 수 있다. 그러나 전파가 이동하는 거리는 제한적이어서 중계기가 필요하며, 천둥이나 번개가 치면 전파가 전자기 교란을 받아 신호에 잡음이 생기거나 변형이 올 수 있다.

• **광섬유와 광통신**

이러한 전파의 느린 속도와 공간적인 제약을 해결한 통신이 빛을 통한 광통신이다. 빛을 이용하면 전자기 교란도 없고 전달속도는 빛과 같아서 더 이상 빠르게 송수신할 수도 없다. 광신호를 허공에다 쏴 보내는 것이 아니라 가느다란 유리를 통해 지나가도록 한다. 전달하고자 하는 정보를 빛의 깜박임인 펄스pulse로 변환시켜 공간으로 발산하는 대신 유리로 이루어진 광섬유 내부로 보낸다. 광신호는 광섬유의 중심 부분인 코어core를 진행하며 빛의 속도로 전 세계에 거미줄처럼 연결된 광통신망optical communications network을 통해 전파된다. 빛의 속도로 전달되는 정보는 그 속도로 인해 엄청난 양의 정보를 내보내거나 받을 수 있는 것이다. 우리가 전달하고자 하는 정보는 모두 빛의 깜박임으로 보낼 수 있어 디지털 통신이다.

빛의 깜박임, 즉 빛을 켜고 끄는 것을 숫자의 1과 0으로 표시할 수 있어 모든 정보를 디지털화하여 송수신한다. 숫자는 이진법으로 변환해 1과 0의 조합으로 만들 수 있으며, 마찬가지로 알파벳이나 영상도 1과 0으로 표시할 수 있다. 깜빡이는 빛 하나의 펄스가 비트가 되는데 1초에 펄스를 1,000억 개, 즉 100기가비트(100Gbit/s) 이상까지 보낼 수 있다. 물론 단위시간당 보내는 펄스의 개수가 많을수록 많은 용량의 정보를 보낼 수 있다.

1과 0으로 이루어진 디지털 신호는 빛의 펄스가 되어 유리 광섬유의 코어 부분을 지나간다. 아주 짧은 시간 동안 깜박이는 빛의 펄스는 시간으로 표시된 펄스의 폭과 그 크기로 나타낸다. 빛 신호는 진공이 아닌 유리라는 매질을 지나가기 때문에 장거리를 진행하면 그 에너지의 일부분이 유리 매질에 흡수되어, 펄스의 크기가 줄어들고 펄스의 폭 또한 벌어지게 된다. 펄스의 크기가 줄어들면 장거리 이동 후 광신호가 약해지고 펄스의 폭이 벌어지면 인접한 펄스들이 중첩되어 원래의 정보가 훼손된다. 따라서 광케이블optical cables 사이에는 펄스의 크기를 높여주는 광증폭기를 설치하고 펄스의 폭은 원래대로 좁혀주는 처리를 한다.

　광통신망을 구축할 때는 이러한 빛의 세기의 증폭 및 펄스의 폭 보정이 필수적인데 가장 적합한 소재가 유리로 만든 광섬유이다. 광통신에 사용하는 빛은 파장이 1.31μm와 1.55μm인 적외선을 사용한다. 이 파장 대역에서 광흡수도가 가장 적은 고순도 석영유리의 제조기술이 확립되어 있어 광손실이 최소화된 광섬유가 제조되어 사용되고 있다.

　광통신용 광섬유는 빛이 전파되는 코어의 유리 부분과 그것을 둘러싸고 있는 클래딩 유리 부분 그리고 유리 바깥을 보호하기 위한 합성수지 코팅의 구조로 이루어져 있다. 코어를 통해 빛이 전파되기 위해서는 코어의 굴절률이 클래딩보다 약 0.5% 정도 커야 하며, 입사된 빛은 코어와 클래딩 계면에서 내부전반사total internal reflection가 일어나면서 전파된다. 현재 통용되는 광통신용 유리 광섬유의 코어는 굴절률을 높이기 위해 게르마늄Ge, germanium이 소량 첨가된 게르마늄 석영유리germano-silicate glass, 클래딩은 고순도의 석영유리의 조성으로

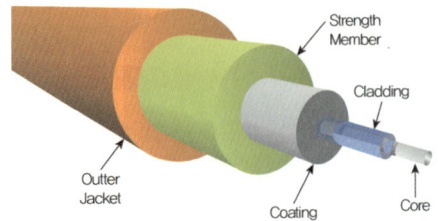

굴절률이 높은 게르마늄 석영유리 조성의 코어와 그보다 낮은 굴절률의 석영유리 클래딩 층으로 이루어진 광통신용 광섬유. 광섬유 유리 바깥은 보호수지 층과 케이블 층의 소재로 감싸져 있다. 코어로 입사된 광신호는 코어와 클래딩의 계면에서 내부전반사가 일어나 클래딩층으로 빠져나가지 않고 코어 안으로 계속 진행한다.[4]

이루어져 있다. 유리 광섬유의 바깥을 둘러싼 피복 코팅은 아크릴 acrylate계 수지와 폴리이미드 polyimide계 수지 등이 주로 사용된다. 일반적인 광통신용 유리 광섬유는 코어 직경이 8~10μm, 클래딩 직경은 125μm, 폴리우레탄 아크릴 수지 피복 포함 250μm으로 규격화되어 있다.

유리 광섬유는 기계적인 강도가 높고 온도 변화에 대한 내구성이 뛰어날 뿐만 아니라, 1km에 10달러 이하의 낮은 생산단가와 긴 사용기한 등의 장점이 있다. 광통신은 유리 광섬유의 다발로 이루어진 광케이블을 통해 아시아, 미국, 유럽 등 전 대륙을 거치며 끊임없이 초고속으로 전송과 수신이 동시에 이루어진다. 광통신은 인터넷의 핵심기술일 뿐만 아니라, 초고속의 무선통신 기술도 가능하게 한 원천기술이다. 컴퓨터나 첨단기기에서 전송되는 어마어마한 양의 데이터들은 0과 1이란 디지털 신호로 변환되어 광섬유로 빛의 속도로 전송되는 것이다.

• 5G/6G 기술과 광통신

최근 4차 산업혁명의 핵심인 5세대 이동통신 기술인 5G 기술이 채 적용되기도 전에 미래의 6세대 이동통신 기술인 6G 기술을 실용화하기 위해 전 세계가 경쟁하고 있다. 6G 기술의 국제표준을 선점하고 스마트폰과 통신장비 시장에서 주도권을 잡는다는 것이 목표다. 5G와 6G 기술은 방대한 데이터를 초고속으로 전송하고 통신시간의 지연이 거의 없이 실시간으로 통신하는 이동통신 기술이다.

5G 기술은 이전의 4G 기술에 비해 주파수 대역은 3GHz에서 30GHz로 10배 이상 크고 송신 속도 또한 최대 1 Gbps($=10^9$bps)에서 20Gbps로 20배 빠르며 지연시간도 10ms에서 1ms 이하로 짧다. 그러나 무선구간에 대한 통신의 지연시간은 실제 수십 ms로 아직도 만족할 만한 수준이 되지 않으며, 최대 20Gbps의 5G 전송 속도 또한 증강현실^{AR}, 가상현실^{VR}, 자율주행 등 초고속 융합서비스를 보편화하는 데는 한계가 있다. 5G 기술을 넘어서는 6G 기술의 수준은 이동통신의 속도는 1Tbps($=10^{12}$bps)급, 통신 지연시간은 최소 5ms 이하 그리고 통신 범위도 지상 10km로 아주 까다롭다. 6G 기술은 만물인터넷$^{IOE, Internet\ Of\ Everything}$을 가능하게 하며 지상뿐만 아니라 위성 분야까지 포함하는 이동통신 기술이다.

빛을 매개로 하는 광통신은 광신호로 변환된 정보를 광통신망을 통해 송수신하는 유선통신 기술이다. 이동통신은 단말기와 기지국 간의 짧은 거리에서만 이루어지는 무선통신$^{wireless\ communication}$이며 그 이외는 모두 광케이블로 연결되어 있다. 6G 기술이 요구하는 1Tbps 전송 속도를 실현하기 위해서는 먼저 초고속 광통신망의 구축이 필수적이며, 이와 함께 1Tbps 전송 속도를 실현할 100GHz 이상의 고대역 주파수의 대역 확보가 중요하다. 유선통신망인 초고속 광통신망이 6G 기술이 요구하는 기술조건을 만족시키지 못하면 무선통신 또한 이에 영향을 받을 수밖에 없다. 따라서 5G와 미래의 6G 기술이 제대로 작동하기 위해서는 유·무선 통신기술이 함께 발전해야 가능하다.

5G/6G 무선 이동통신이 원활하게 제 기능을 발휘하려면 먼저 광섬유로 이루어진 유선통신망이 5G/6G 기술이 요구하는 수준에 맞게 제대로 작동되어야 한다. 이를 위해 광통신망의 핵심소재인 광섬유 기술도 함께 발전해왔다. 광케이블이나 광섬유의 설치 시 과도한 구부림에도 광신호의 일부가 광섬유 코어 밖으로 빠져나가지 않도록 해 광손실이 거의 없는 BIF$^{\text{Bend Insensitive optical Fiber}}$, 대용량의 정보를 최대 400Gbps 속도로 여러 파장에서 전송이 가능한 다중모드 광섬유$^{\text{OM5 multimode fiber}}$, 광케이블의 부피를 줄일 수 있도록 더욱 가늘게 만든 마이크론 광섬유$^{\text{micron diameter optical fiber}}$, 광신호 출력과 광신호 대 잡음비^{OSNR}를 최소화한 초저광손실 광섬유인 ULL fiber$^{\text{Ultra Low Loss fiber}}$ 등이 개발되어 사용 중이다.

26. 빛으로 암호를 주고받다

우리가 사용하는 스마트폰의 대화나 문자, 인터넷의 이메일 등 통신을 통해 주고받는 사적인 내용과 각종 결재 등의 정보는 그 비밀 유지가 기본이다. 비밀이 반드시 유지되어야만 하는 군사작전의 통신은 더 말할 것도 없다. 유·무선 통신의 사용이 급속히 확대됨에 따라 통신 네트워크의 보안은 개인의 사생활 보호, 기업의 상행위, 금융과 국가기밀에 이르기까지 그 중요성은 더욱 더 증대되고 있다. 많은 사람이 사용하는 카카오톡이나 Facebook 같은 SNS$^{Social\ Network\ Services}$, 네이버나 Google 등 포털사이트들도 해커들에게 공격을 당해 신상정보가 유출되어 문제를 일으키거나, 전 세계 통신망을 미국 정부가 해킹^{hacking}한 것이 드러나 논란을 일으킨 적도 있다.

통신망을 통한 해킹을 막기 위해 암호를 걸어 통신하는 기술이 오래전부터 개발되었다. 암호화 기술^{cryptography}은 도청이나 해킹을 사전에 막기 위해 통신 데이터를 암호화하는 것인데, 인터넷뱅킹$^{internet\ banking}$을 이용한 전자상거래는 공개키$^{open\ key}$ 암호화 방식을 이용한다. 공개키 암호화 기술은 이것을 개발한 학자 세 명의 이름의 첫 글자를 따온 RSA$^{Rivest-Shamir-Adleman}$라는 암호화 알고리즘$^{encoding\ algorithm}$을 이용하는데, 매우 큰 숫자를 소수$^{素數,\ prime\ number}$로 나누는 소인수분해$^{prime\ factorization}$가 어렵다는 사실에 근거를 두고 개발되었다. RSA 알고리즘에 쓰이는 소수는 보통 140자리 이상의 매우 큰 수인데, 연산 속도가 엄청나게 빠른 고성능 슈퍼컴퓨터^{supercomputer}나 양자컴퓨터$^{quantum\ computer}$가 없으면 이런 암호를 빨리 해독할 수 없다. 최근 구글은 슈퍼컴퓨터로도 1만 년이 걸리는 문제를 미래에 개발될 양자컴퓨터로는 200초면 풀 수 있다고 예측하였고, 이는 양자컴퓨팅$^{quantum\ computing}$이 수학을 기반으로 한 기존의 암호체계를 무력화할 수 있다는 것을 말하고 있다.

시간은 걸리지만 암호는 결국 풀린다는 RSA 공개키 암호화의 단점을 보완하기 위해 공개키 대신 비밀키를 암호로 이용하는 기술이 새롭게 개발되었다. 송·수신자가 같은 비밀키를 나눠 갖고 암호통신을 수행하는 것인데, 이 방법도 누군가가 도청하여 비밀키를 알게 된다면 암호는 무용지물이 된다. 주로 일회용 난수OTP, One Time Pad를 비밀키로 가장 많이 이용하는데, 안전하게 비밀키를 보유하는 것은 결코 쉬운 일이 아니다.

- **양자 암호통신 기술**

최근 이러한 기존의 암호 공개키나 비밀키 방식의 단점을 없앤 양자 암호통신quantum cryptography communication 기술이 활발하게 개발되고 있다. 빛의 가장 작은 입자인 양자 하나하나에 정보를 실어 보내는 첨단 광통신 기술이 양자 암호통신 기술이다. 특히 도청을 위해 제3자가 양자신호를 가로채면 수신자는 신호를 받을 수 없어 엿듣기가 불가능한 기술이다. 만약 누가 정보를 가로채면 정보 형태가 뒤틀리면서 무용지물이 되도록 하는 것이다.

양자암호통신 기술은 통신상의 보안을 양자역학을 이용하여 만든 기술이다. 물리량의 최소단위인 양자quantum인 빛 알갱이인 광자photon는 더 이상 쪼개지지 않고 양자중첩quantum superposition, 양자얽힘quantum entanglement, 불확정성uncertainty이라는 세 가지의 독특한 특성을 가지고 있다. 양자중첩이란 하나의 양자에 여러 상태가 확률적으로 동시에 존재한다는 현상인데, 측정하기 전까지는 양자의 상태를 정확하게 알 수 없다는 것이다. 양자얽힘은 두 개 이상의 양자가 가지는 특성으로 공간적으로 서로 떨어져 있어도 각각의 양자 상태는 독립적으로 존재하지 않고 동시에 결정된다는 것이다. 불확정성이란 양자의 위치와 속도를 함께 정확하게 알 수가 없다는 특성이다. 이러한 양자의 특별한 성질을 이용하면 해킹이나 복제가 불가능하다.

양자키 암호기술은 광자 하나의 양자 특성에 기반한다. 빛을 이용한 광통신망에서 도청은 송신자가 보내는 정보의 일부분을 수신자에게 도착하기 전에 가로채는 방법과 중간에서 도청자가 정보를 빼낸 다음, 다시 빼낸 부분을 복사해 넣어 수신자에게 보내는 방법으로 주로 이루어진다. 그러나 하나의 정보를 하나의 광자에 실어 보내기 때문에 일부만 빼내는 것은 원천적으로 불가능하다. 또한 양자는 복제가 불가능하므로 정보를 빼내고 난 후 똑같은 정보를 광자에 실어 보내는 것이 불가능하다. 따라서 모든 경우 양자 암호화기술을 적용하면 도청의 유무를 쉽게 알아낼 수 있다.

양자암호통신은 양자인 빛을 이용해서 송·수신자 두 사람만 알고 있는 비밀키를 통신상에서 실시간으로 안전하게 나누어 가지는 기술로 양자키 분배QKD, Quantum Key Distribution 기술이라고도 한다. 양자 암호통신을 위해서는 양자키의 분배 과정과 암호화 방식이 필요한데, 비밀키는 양자키 분배장치에 의해 만들어지고 이 비밀키를 암호장치에 넣어 암호화와 복호화 기능을 수행한다. 양자키 분배 장치는 양자를 방출하는 광원과 간섭계, 광 위상 변조기, 양자검출기로 구성되는 양자광학부와 전자제어부로 이루어진다. 이론상으로는 완벽한 암호통신이 가능하지만 양자키 분배장치를 구성하는 광부품 자체를 해킹하는 것이 가능하여 이를 개선해야 한다. 또한 양자키 분배장치에 사용되는 광부품도 온도, 소음, 주파수 등 외부 환경의 변화로 인한 성능

저하도 해결해야 한다.

양자 암호통신기술은 해외에서는 이미 1980년대부터 본격적인 연구가 시작되어 1990년대에는 연구용 시제품이 개발되었고, 2000년대 이후부터 상용화 단계에 도달한 것으로 알려져 있다. 그러나 광케이블을 이용한 광통신망의 경우 하나의 광자가 광섬유를 통과해 검출될 수 있는 거리가 100km 이하로 제한적이라는 큰 단점이 있다. 이러한 통신거리의 제한은 위성통신으로 해결할 수 있는데, 중국은 2016년 묵자墨子라는 이름의 양자암호통신용 인공위성을 발사해 양자암호통신에 성공한 바 있다.

한편 우리나라에서는 한국과학기술연구원KIST과 한국전자통신연구원ETRI이 2000년 이후 본격적인 양자암호통신 연구를 시작하였고, SK텔레콤과 KT 등이 상업화를 위해 최근까지 노력을 경주하고 있다. SK텔레콤은 2017년 국내 최초로 양자암호통신 전용 중계기를 개발하였고 112km의 실험용 광통신망에서 양자암호키 전송을 성공했다. 또한 양자키 분배 적용 네트워크의 필요 보안사항을 국제전기통신연합ITU-T의 국제표준에 등록시킨 바가 있다. KT는 양자암호기술의 통신 네트워크에의 적용을 위해 2017년부터 국제표준화를 추진하여 6건의 과제가 ITU-T에서 채택되었고, 최근에는 2018년부터 개발한 양자키 분배기술을 광 전송장비 제작업체에 이전한 바 있다. 현재 국내의 양자암호통신 기술은 모두 5G/6G 광통신 시스템에 적용을 목적으로 개발되고 있으며, 일부 지역에서 양자암호 기술을 적용한 5G 광통신 시연을 통해 데이터 전송 속도가 느려지거나 전송이 지연되지 않음을 확인한 바 있다.

양자암호통신 기술의 발전과 함께 기존의 슈퍼컴퓨터와는 비교가 되지 않을 정도의 고성능인 양자컴퓨터 연구도 활발하다. 참고로 일반 컴퓨터가 0 또는 1의 값을 갖는 비트라는 단위로 모든 연산을 하는데, 양자컴퓨터는 큐빗qbit을 기본 단위로 동시에 연산할 수 있어 대용량의 정보를 고속으로 처리가 가능하다. 양자암호통신도 이러한 양자컴퓨터를 이용하면 해독과 해킹이 불가능하지 않기에 창과 방패처럼 기술경쟁이 치열하다.

시장조사업체의 연구 결과에 따르면 양자키 분배 관련한 양자암호통신 시장이 오는 2025년 약 27조 원에 달할 전망이다. 구글과 마이크로소프트MS 등 대형 IT 기업과 광통신 및 이동통신사 그리고 각국의 정부는 양자기술을 이용해 양자컴퓨터에 대항하는 양자암호통신 기술 개발을 본격화하고 있다. 그러나 현재 기술로는 불안정한 양자를 상온에서 대량으로 다룰 수 있는 기술이 아직은 부족하다. 단일 양자를 방출하는 광원과 간섭계, 위상 변조기와 양자검출기 그리고 이들의 전자제어부로 이루어진 양자키 분배 장치 또한 온도, 소음, 주파수 등 외부 환경의 변화에 영향을 받아 지속적인 성능 향상이 필요한 실정이다.

• 양자 내성암호 기술

지금까지 알아본 양자암호통신 기술과는 개념이 다른 암호기술이 최근 가시화되고 있다. 양자 내성암호PQC, Post Quantum Cryptography라는 기술인데, 2006년 학계에서 본격적으로 논의되기 시작된 후 2017년 미국의 표준기술연구소NIST에서 PQC 표준에 관한 공모를 시작하면서 전 세계적으로 연구와 개발이 진행되고 있다. 양자컴퓨터를 이용한 암호의 해독에 안전한 내성을 갖는 암호기술이란 의미에서 그렇게 부르고 있다.

양자암호통신 기술은 양자의 물리적인 특성을 이용해 암호키를 교환하므로 암호키 교환영역에서 확실한 보안성을 제공할 수 있지만, 별도의 양자키 분배장치와 안정적인 양자키 분배 채널의 확보가 필수적이다. 반면 양자 내성암호 기술은 양자 암호통신 기술에서 필수적인 양자키 분배장치와 같은 하드웨어가 필요 없이 오로지 소프트웨어만으로도 구현이 가능하다. 휴대폰에서 사물인터넷IoT 장비에 이르기까지 적용이 가능해 유·무선 모든 영역에 보안을 제공할 수 있을 것으로 기대된다.

최근 암호화폐 비트코인bitcoin의 출현으로 더욱 암호화 기술이 중요해졌다. 비트코인은 거래의 구체적 내용을 암호화해서 블록체인blockchain으로 연결해 클라우드 시스템cloud system에 저장해 활용한다. 거래를 위해서는 비트코인의 주인만이 알고 있는 지갑이 필요하고 지갑은 암호화 방식으로 보안을 한다. 계좌에 해당하는 주소는 공개키로, 계좌 비밀번호는 개인키로 만드는 것이다. 만약 고성능의 양자컴퓨터가 등장하면 비트코인의 암호나 공인인증서 등의 전자상거래에 사용되는 공개키 등의 암호가 모두 해독되는 것으로 알려져 있다. 따라서 양자 내성암호 기술의 개발에 전 세계가 나서고 있는 것이다.

양자 내성암호 기술은 미국의 NIST의 주도로 아마존, 구글, MS 등의 기업들이 표준화 작업을 공동으로 진행하고 있다. 국내에서도 최근 LG유플러스가 세계 최초로 공장과 병원에 구축한 5G 전용회선으로 광전송장비ROADM를 이용해 양자 내성암호 기술이 정상적으로 작동한다는 것을 확인하였다. SK텔레콤과 KT가 주도하는 양자암호통신 기술과 차별되는 양자 내성암호 기술은 수학 알고리즘을 기반으로 암호를 난수화시켜 통신망의 보완을 추구하는 기술이다. 그러나 소프트웨어 기술에 기반을 두고 광통신 경로상에 유동적으로 적용할 수 있는 장점이 있는 양자 내성암호 기술도 원천적으로 알고리즘은 풀릴 수밖에 없기에 해킹을 완전히 막을 수는 없다. 단지 현재의 컴퓨터 기술로는 암호를 해독하는 시간이 오래 걸린다는 것이며 양자컴퓨팅 기술이 발달하면 그 시간이 단축될 수 있다는 한계가 있다.

27. 빛으로 흔적을 감별, 감식하다

국가에 관계없이 고액의 지폐가 나오면서 위조지폐가 발견되는 빈도수도 늘어났다. 전 세계 기축통화key currency인 달러화는 그 위조지폐의 제조와 감별의 역사 또한 오래되었다. 그중 100달러 지폐는 슈퍼노트supernote라고 해서 위조지폐범들의 일차 목표가 된 지 오래다. 우리나라도 위조지폐의 역사는 꽤 오래되었는데, 5만 원 권 지폐가 2009년에 발행되고부터 위조지폐의 수준 또한 높아졌다. 컬러프린터가 나온 후 만들어진 초기의 복사물 형태의 조잡한 위폐는 사라진 지 오래되었다. 최근에는 원본인 진폐와 흡사한 특수 용지를 사용하고 홀로그램을 넣는 등의 인쇄 방법 발전으로 위폐도 워낙 정교하게 만들어져 육안으로는 감별하기 어렵다. 이에 따라 신속하고 정확하게 위폐를 가려내는 감별법 또한 함께 개발되었다.

• 위조지폐의 감별

물론 지폐의 위조를 원천적으로 막기 위해 지폐 속에 여러 가지 위조방지 장치를 숨겨놓았다. 전 세계적으로 지폐의 위조를 막기 위해 다양한 방법들이 사용되는데 주로 사용하는 방법 몇 가지를 소개하면 다음과 같다. 띠 형태의 홀로그램, 빛을 비췄을 때만 나타나는 숨은 그림, 자외선을 비추면 형광색으로 바뀌는 그림, 입체적으로 드러난 은선, 레이저로 새긴 작은 구멍 등은 우리의 5만 원 권이나 미국의 100달러 지폐 속에 숨겨진 위조 방지를 위한 과학적인 방법이다. 위조 방지를 위해 이러한 여러 가지 과학적인 수단을 동원하는데 주민등록증, 운전면허증, 여권, 공무원증을 만들 때도 지폐와 비슷한 방법을 적용한다.

우리나라의 5만 원 권의 앞면에는 띠 모양의 홀로그램이 세로로 새겨져 있는데, 태극문양, 지도, 4괘 등의 세 가지 표식이 위아래로 번갈아 나타나도록 되어 있다. 지폐를 상하로 움직이면 홀로그램의 태극문양은 좌우로, 좌우로 움직이면 태극문양은 상하로 움직이는 것처럼 보인다. 지폐를 눈높이에서 비스듬히 기울여 보면 앞면 우측 하단의 원형무늬 속에 숫자 5가 보인다. 그리고 앞면의 왼쪽 부분에 빛을 비추면 숨겨져 있는 신사임당의 초상이 나타나고, 초상 오른쪽에 숨겨져 있는 은색의 띠 속에는 작은 문자가 보인다. 앞면 위쪽 '한국은행' 글자 왼쪽의 무늬에 빛을 비추면 앞면과 뒷면이 합쳐져 태극문양이 완성되어 보인다. 지폐 뒷면에 적힌 금액 숫자를 기울여 보면 색깔이 자홍색에서 초록색으로 변한다. 이렇듯 5만 원 권의 위조와 변조를 미연에 방지하고자 빛을 이용한 홀로그램 기술이 많이 적용되어 있고, 이 홀로그램은 위폐를 가려내는 강력한 수단이 된다.

매년 40억 달러가 넘는 위폐fake note가 유통된다는 미국의 100달러 지폐는 위조를 막기 위해 2013년에 새롭게 만들었다. 가장 큰 특징은 전면의 중심부에 굵은 파란색 띠를 넣은 것인데, 지폐를 상하로 기울이면 숫자 100과 종의 무늬가 좌우로, 지폐를 좌우로 기울이면 상하로 움직이는 것처럼 보인다. 또 다른 하나는 지폐를 기울여보면 황동색의 숫자 100과 종의 무늬가 초록색으로 변한다는 것이다. 이 밖에 지폐를 빛에 비추면 벤저민 프랭클린Benjamin Franklin, 1706-1790의 초상이 나타나고 확대경으로 봐야만 보이는 미세문자 등이 새겨져 있다.

이렇듯 위조를 방지하기 위해 수많은 장치를 해 넣었는데도 전 세계적으로 2,500조 원 이상의 위조지폐가 유통되고 있다고 한다. 고성능 스캐너와 정교한 컬러복사기와 인쇄술의 발달로 위조범들도 기본

5만 원 권 지폐에 숨겨놓은 위조 및 변조를 막기 위한 여러 가지 과학적인 장치들[5]

적인 것은 쉽게 흉내를 내어 위폐를 만들어낸다. 최근에는 위·변조에 사용된 컴퓨터, 컬러복사기, 인쇄기 등과 연계된 소프트웨어를 개발하여 위·변조 행위 자체를 추적하여 찾아내는 기술까지 발전했다. 위조방지를 위해 지폐 자체의 소재를 종이류에서 플라스틱 소재로 교체한 국가도 있다.

위폐를 감별하기 위해 은행에서는 고속으로 지폐를 계수하는 장치에 위조지폐 감지 장치가 함께 내장된 장비를 사용한다. 위폐 감지 기능은 광학적인 방식과 자기적인 방식으로 나누어진다. 광학적인 방식은 다양한 파장의 빛을 지폐에 조사하여 파장에 따른 반사율과 투과율을 측정하여 진폐와 위폐를 구별하는 기준으로 삼는다. 빛을 보내는 광원으로 백색 LED, 적외선 LED, 자외선 LED 등을 사용한다. 반면에 자기적인 방식은 인쇄된 잉크나 위조 방지 띠에 들어 있는 물질의 자기량을 자기 센서로 측정하여 위폐를 찾아낸다.

위조 방지를 위해 지폐 안에 넣었던 여러 장치들은 육안으로도 구별이 가능한 것이 많지만, 일부는 자외선이나 적외선 검출기, 분광기 등 특수 기기를 써야만 알 수 있다. 육안으로 보이지 않는 자성잉크magnetic ink나 자외선으로만 보이는 형광체로 인쇄된 문자나 무늬를 식별할 때이다. 은행 창구에서 돈을 셀 때 쓰는 계수기나 현금자동입출금기ATM, Automated Teller Machine에 설치된 위폐 감별 장치는 주로 자외선과 자기장을 이용해 위폐를 찾아낸다.

한편 지폐의 위조행위는 범죄에 해당하여 국립과학수사연구원(국과수)에서 위폐 감정을 담당하는데, 국내에서는 2018년 11월부터 원화 위폐의 신속한 감정을 위해 스마트폰 원격 감정 시스템을 개발하여 운영하고 있다. 2020년 9월부터는 달러화와 위안화까지 확대하여 시행하고 있으며, 평균 20일 이상 소요되던 위폐 실물 감정을 1일 이내로 대폭 단축하였다. 수사관들은 국과수에서 개발한 모바일 위폐 감별 장치를 스마트폰에 장착하여 대상 지폐의 자외선 형광반응, 미세패턴, 문양, 색상 등을 현장에서 확인할 수 있다. 원격감정 시스템은 기존에 구축된 통계 데이터를 기반으로 자동으로 패턴을 분석하는 데이터 마이닝data mining 기법을 적용하고 있다. 이러한 비대면 감정 시스템contactless appraisal system은 주민등록증, 여권 등 신분증의 위·변조 탐지에도 유용할 것이다.

- **지문과 혈흔의 인식과 감식**

손가락의 지문fingerprints의 특성을 이용해 인증하는 기술을 지문인식fingerprint recognition이라고 하며, 지문을 먼저 등록한 다음 입력된 지문과 일치하는지의 여부로 판별한다. 지문인식은 공공기관의 서류 발급, 출입통제, 모바일뱅킹, 무인 출입자동화 시스템 등에 사용되고 있다. 특히 금융업계에서는 간편한 송금을 위해 핀테크FinTech와 결합한 지문인식을 이용해 로그인하고 결제를 할 수 있게 한다.

지문인식은 센서에 손가락을 대어 촬영한 후 지문을 입력하는 단계와 저장된 지문과 대조해 일치 여부를 가리는 인증단계로 나눌 수 있다. 입력단계에서는 지문을 촬영하는 방식에 따라 정전식, 초음파 방식, 광학식 등으로 나눈다.

정전식은 지문의 패턴pattern마다 서로 다른 정전기량의 차이를 감지해 형태를 인식한다. 작은 센서에 손가락을 밀어서 입력하는 방식보다 넓은 센서에 손가락을 눌러서 입력하는 방식이 많이 사용되고 있다. 초음파 방식은 초음파를 이용해 지문의 높이차를 측정해 인식하는데, 손가락에 이물질이 묻은 상태에서도 인식률이 높은 장점이 있다. 최근 내장형 지문인식 초음파 센서가 탑재된 스마트폰이 출시되어 지문으로 인식이 가능하다. 광학식은 카메라와 스캐너를 이용해 촬영한 지문 영상을 등록된 지문 정보와 비교하는 방식이다. 지문이 닿는 곳의 아래쪽에서 비춘 빛에 반사된 영상을 스캐너가 받아 디지털화하는 것이다. 내구성이 좋고 상대적으로 값이 저렴해 가장 범용으로 사용된다.

지문을 찍어 확인하는 것이 지문인식이라면 이미 손가락이 물체에 닿아 육안으로는 잘 보이지 않는 지문을 차후에 확인하는 것을 지문감식fingerprint identification이라고 한다. 육안으로는 보이지 않는 지문이나 혈흔bloodstains은 빛을 이용하여 확인이 가능하다. 범죄 현장의 손가락으로 물체를 잡은 자리에 자외선을 쪼여주면 지문에서 자외선이 반사된다. 이 반사된 자외선을 특수 안경을 통해 보거나 촬영하여 찾아내는 것이다. 지문의 흔적이 아주 약할 때는 '베이식 옐로우Basic Yellow'라고 하는 약품을 뿌려 지문을 염색한 다음 자외선을 비춰 확인한다.

반면 피자국인 혈흔은 지문과는 달리 자외선을 흡수만하고 반사는 하지 않아 검은색으로 보이며, 만약 흔적이 지워졌다면 자외선 조사로는 어렵다. 따라서 가장 간단한 방법으로는 '루미놀$C_8H_7N_3O_2$, luminol'이라는 약품을 뿌린 후에 나오는 푸른색의 형광 빛을 보고 감식한다. 루미놀은 적혈구에 있는 헤모글로빈과 산화반응하여 빛을 내게 하는

데, 범죄 현장에서 혈흔을 감식하는 시약으로 가장 많이 사용된다. 좀 더 많은 정보를 필요로 하는 경우에는 시료를 채취해 DNA 분석을 한다. 그런데 만약 루미놀과 같은 화학적인 처리 방법을 거친 시료는 변형되어 DNA 검사는 어렵다.

28. 빛으로 투명망토를 구현하다

• 투명망토 기술

누구나 한번쯤 우리 몸이 투명하게 되어 아무런 제약 없이 어디든지 가보고 싶다는 상상을 해보았을 듯하다. 특수한 약을 먹어 투명인간이 된다거나 투명망토를 걸쳐 남에게 보이지 않게 하는 것은 이미 소설이나 공상 영화에도 많이 나왔다. 약을 먹어 몸이 투명해지는 것은 불가능하지만 투명망토 기술은 광학과 소재기술의 발전으로 부분적으로 가능하게 되었다. 특수한 재질로 만들어진 천을 걸치면 몸이 가려질 뿐만 아니라 가려진 부분은 배경처럼 바뀌어 투명망토를 입은 효과를 낼 수 있다.

사물을 보려면 먼저 빛이 있어야 한다. 빛을 물체에 비추면 물체는 이에 반응을 하는데, 빛의 일부를 흡수·투과 또는 반사시킨다. 투명한 유리는 대부분의 빛을 투과시키며, 나뭇잎은 초록색 이외의 빛은 흡수하고 초록색만 반사시키고 투과시킨다. 물질의 종류에 따라 빛을 흡수하고 반사하는 파장이 달라 우리는 색이 다른 사물을 보는 것이다.

만약 흰색의 빛을 색유리에 비추면 빛은 색유리와 같은 색으로 바꿔어 나온다. 이 바뀐 빛으로 물체를 비추면 원래의 색과는 다르게 보인다. 이렇게 같은 물체라도 비추는 빛의 종류에 따라 우리가 보는 물체의 색은 달라진다.

그렇다면 물체는 가리되 투명하게 보이게 할 수는 없는 것인가? 투명한 비닐이나 유리창으로 가리면 빛은 그대로 투과하여 물체는 그대로 드러난다. 반면에 불투명한 천이나 검은 비닐로 가리면 빛은 모두 천이나 비닐에 흡수되어 물체가 아예 보이지 않는다. 만약 빛의 흡수가 일어나지 않는 투명한 재질의 천에다 투과된 빛이 물체를 통과하지 않고 돌아나가게 할 수 있다면 이론적으로 투명망토는 가능하다.

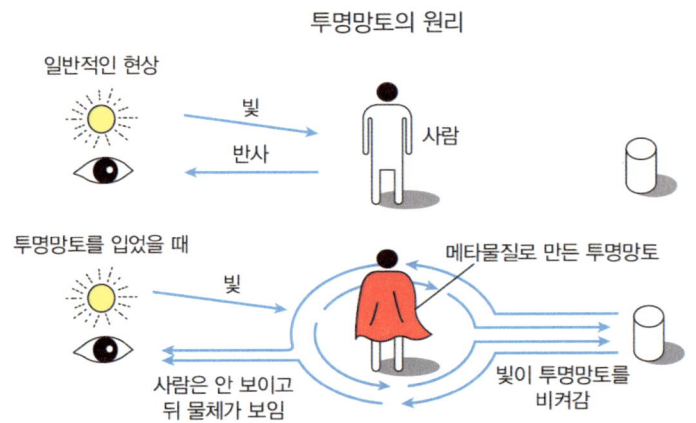

음(−)의 굴절률을 가진 메타 물질로 천을 만들면 빛이 우회해 돌아나가 보이지 않게 되는 투명망토가 가능하다.[6]

빛을 모두 투과시키는 완전한 투명체는 굴절률을 주변 물질의 굴절률과 같게 하면 만들 수 있다. 다음 빛이 투명 물질을 투과해 나가되 그 면을 따라서 돌아가게 할 수 있으면 된다. 빛은 물체의 굴절률이 달라지면 그 계면에서 경로를 달리하여 방향을 바꾼다. 그런데 빛이 굴절해 망토를 우회하면 물체는 가려지지만 직진하는 원래 빛과의 시간차 때문에 배경은 일그러져 보일 것이다. 굴절률이 큰 물질을 통과하면 빛의 속도가 느려지기 때문이다. 시간 차가 생기지 않고 굴절하는 물질은 자연계에는 존재하지 않는다.

일반적으로 물질은 양(+)의 굴절률을 가지는데 인위적으로 음(-)의 굴절률을 갖게 하면 빛이 돌아나가는 특이한 현상을 구현할 수 있다. 음(-)의 굴절률은 빛이 물체의 가장자리를 따라 지나가게 하고 반사되는 빛이 없어 우리 눈에는 대상 물체가 보이지 않고 물체가 위치한 배경만 보이게 된다.

• 메타 물질

물질의 굴절률refractive index은 물질이 저장할 수 있는 전하량을 나타내는 유전율permittivity과 물질의 자기적 성질을 나타내는 투자율permeability의 관계로 표현할 수 있다. 물질의 고유한 성질인 유전율과 투자율이 모두 음-의 값을 가지면 굴절률은 음-의 값을 갖는다. 이러한 물질을 메타 물질metamaterials이라고 하며 일반 물질과 전혀 다른 전자기 특성을 가진다. 따라서 음(-)의 굴절률을 갖는 메타 물질은 투명망토의 핵심기술이 된다.

빛의 흡수와 굴절을 조절할 수 있는 기능은 물질의 조성이나 미세구조를 바꾸어 가능한데, 빛을 100% 흡수시켜 아예 반사될 수 없도록 하는 방법과 빛을 다른 방향으로 반사시키거나 굴절시키는 방법의 두 가지가 있다. 1968년에 러시아의 물리학자 베셀라고Victor Georgievich

Veselago, 1929-2018는 처음으로 음(-)의 굴절률을 갖는 가상의 물질을 상정하여 전자기 현상을 이론적으로 연구하였다. 이후 30여 년이 지난 1999년에 영국의 물리학자인 펜드리Sir John Brian Pendry, 1943-현재는 베셀라고의 이론을 적용하여 만약 물질의 내부 구조를 인위적으로 바꿀 수 있다면 빛에 대한 성질도 바꿀 수 있고, 따라서 이러한 메타 물질은 빛을 휘게 하여 대상 물체를 사람의 눈에 보이지 않게 만들 수 있다고 주장하였다.

2006년에 미국 듀크대학Duke University의 스미스David R. Smith 교수는 실제로 메타 물질을 만들어 2차원의 투명망토 기술을 발표하였다. 그는 마이크로파 파장 영역에서 음-의 유전율을 가진 미세한 금속막대로 이루어진 구조체에 펜드리 교수가 제시한 음(-)의 투자율을 가진 공진기 구조를 결합하여 음-의 굴절률을 가진 메타 물질을 처음으로 구현해 보였다. 물론 우리가 볼 수 있는 가시광선 영역이 아닌 장파장 영역이었지만 투명망토의 가능성을 증명하였다. 이후 2008년에는 가시광선에 근접한 근적외선 영역 그리고 연이어 가시광선에서도 작동하는 메타 물질을 실험실에서 만들었다. 2010년에는 가시광선 영역에서 작동하는 메타 물질로 만든 투명망토가 2차원 평면형에서 입체형으로 발전된 성능을 보였다.

2015년 미국의 국립 로렌스-버클리 연구소Lawrence-Berkeley National Laboratory에서는 가시광선에서 작동하는 투명망토를 구현하기 위해 금으로 만든 나노 안테나 구조의 물체를 만들었다. 우리가 볼 수 있는 가시광선에서 투명망토가 가능하도록 파장의 4분의 1 수준으로 작은 크기의 나노 구조로 메타 물질을 만들었던 것이다. 그러나 작은 나노 구조를 연결해 망토 크기의 넓은 천으로 만든다는 것은 쉽지 않은 일이다. 실제 이런 성능을 가진 투명망토를 옷처럼 걸치는 크기까지 가려면 아직도 갈 길이 멀다 할 수 있다.

한편 메타 물질은 접거나 구부리는 등 기계적인 변형을 가하면 투명망토 기능을 잃게 된다. 이에 착안해 2014년 연세대 연구팀은 투명광 특성에 탄성력을 보강한 테플론PTFE, teflon/polytetrafluoroethylene계 물질을 이용하여 투명망토를 구현해 보였다. 균일한 구조의 재료를 압축해 투명망토를 만들어 기존의 메타 물질보다 제작공정이 쉽고 대면적으로 확장이 가능한 기술이다. 재료의 밀도 변화에 따른 굴절률 변화를 가져오는 원리를 이용해 메타 물질을 압축해도 굴절률 분포가 자동으로 바뀌어 투명망토의 광학적 성질을 만족시키는 결과를 나타내었다. 단지 현재의 기술로는 마이크로파(7~8GHz) 파장 영역에만 국한되어 우리 눈으로는 투명망토 기능을 볼 수 없다.

최근 국내의 기초과학연구원IBS 연구진이 그래핀graphene이라고 하는 탄소 소재를 이용해 빛의 방향을 자유자재로 제어할 수 있는 메타 표면metasurface 기술을 구현해 발표하였다. 투과하거나 반사되는 빛의 위상을 제어해 굴절 방향과 편광을 조절할 수 있도록 U자 모양의 광학 안테나를 촘촘히 배열한 구조를 가진 물질을 만들었다. 빛이 이 물질의 표면을 지나가면 빛의 투과도가 제어되어 편광된 빛의 방향을 바꿀 수 있다는 것이다. 적외선보다 파장이 긴 테라헤르츠THz, terahertz 파를 그래핀 메타렌즈metalens에 발사해 원하는 대로 빛의 휘어지는 정도를 조절하는 데 성공했다. U자 모양의 광학 안테나의 크기를 줄이면 가시광선 영역에서도 가능하며, 그 배열을 바꾸면 빛을 원하는 방향으로 굴절시키거나 한곳으로 모을 수도 있다. 그래핀 메타렌즈는 빛의 방향을 자유자재로 바꿔 투명망토 기능과 함께 사물의 은폐에도 그 응용이 기대된다. 또한 워낙 작은 크기의 구조물 형태의 소재이므로 이를 이용해 초박형 카메라, 현미경의 렌즈에도 적용할 수 있다.

투명망토와 관련된 또 다른 기술로는 광주과학기술원GIST, Gwangju Institute of Science and Technology에서 최근 발표한 연구로, 입사하는 빛의 위상정보를 완전히 제거해 물체를 감출 수 있다는 광디랙분산 물질photonic Dirac dispersion material에 관한 것이다. 굴절률이 주기적으로 변하는 구조물에서 빛의 주파수와 파장의 관계가 일직선인 두 모드mode가 만나는 디랙점의 모드 유효 굴절률이 거의 0에 가까워 투명망토 현상이 일어난다는 이론 연구다. 이 물질을 이용하면 스텔스Stealth 기술, 전자기파 차폐 기술, 투명망토 기술에 응용이 가능하다.

빛의 특성을 바꿔 투명망토가 가능하다는 원리는 빛이나 전파 외에도 음파에도 적용할 수 있다. 최근 중국과학원CAS, Chinese Academy of Science의 음향학연구소에서는 금속의 메타 물질을 이용해 사면체 8개를 이어붙인 팔각뿔 형태의 3차원 구조를 제작하였는데, 어떤 음파도 반사시키지 않는다고 한다. 이 기술을 이용한 음향투명망토UACC, Underwater Acoustic Carpet Cloak를 물체 위에 덮으면 음파가 마치 텅 빈 공간을 지나가는 것처럼 된다. 이러한 음향투명망토 기술은 기존의 음파를 이용한 소나sonar 기술로도 잡히지 않는 잠수함의 스텔스 기능에 활용될 수 있다.

존재하는 실물을 보이지 않게 만드는 메타 물질과 투명망토 기술은 소음을 차단하거나 지진에 의한 피해를 줄일 수도 있다. 이렇듯 전 세계 과학자들은 메타 물질을 활용한 투명체 연구에 뛰어들어 다양한 성과를 내고 있다. 그러나 이러한 기술도 아직은 특정한 파장과 방향에서만 가능한 정도이다.

29. 빛으로 온도를 측정하다

빛의 능력은 무궁무진하다. 빛의 여러 가지 특성을 이용하여 변하는 물리량을 측정할 수 있다. 외부에서 가해지는 변화에는 온도, 압력, 전기장, 자기장, 화학 물질의 농도 등이 있다. 이러한 외부의 물리량에 변화가 일어나면 빛은 그 세기가 달라지거나 위상, 편광상태, 파장 등의 특성이 달라진다. 따라서 이러한 빛의 특성을 측정함으로써 외부에서 가해진 변화를 알 수 있다.

• 비접촉식 온도 계측

빛으로 온도를 측정하는 방법에는 물체에서 방출되는 적외선을 감지하는 비접촉식 방식과 광섬유를 이용해 온도에 따른 빛의 특성 변화를 찾아내는 방식으로 나누어볼 수 있다. 물체는 온도에 해당하는 만큼의 적외선을 방출하는데 비접촉식은 이 적외선의 세기를 측정하여 온도를 알아내는 방법이다. 측정하는 적외선의 파장 범위는 0.7~14μm이며, 이러한 온도 측정 장치를 적외선 온도계, IR 센서, 또는 파이로미터pyrometer라고 부른다.

적외선 온도계는 직접 접촉하여 측정하기 어려운 고온의 움직이는 물체에 많이 사용된다. 예를 들어 제철공장에서 용융되는 쇳물이나 고온에서 가공되는 철판, 고온에서 제조되는 광섬유, 고온의 진공 챔버vacuum chamber 속에서 가공되는 반도체 등의 제조 공정 중 측정 대상물이 움직이거나 직접 접촉할 수 없는 경우에 매우 유용하다.

최근 코비드-19COVID-19 방역으로 실내에 들어갈 경우 이마나 손목 등에 눈에 보이지 않는 빛을 비춰 비접촉식으로 온도를 재는데, 이것도 우리 몸에서 방출되는 적외선을 감지하여 온도로 환산하는 방법이다. 귓속을 비춰 온도를 측정하는 것도 고막의 혈관 온도를 재는 것이다.

이러한 비접촉식 적외선 온도 측정의 기본원리는 1879년에 오스트리아의 물리학자인 슈테판Josef Stefan, 1835-1893이 실험으로 발견한 이후 1884년에 볼츠만Ludwig Eduard Boltzmann, 1844-1906이 이론적으로 유도한 '슈테판-볼츠만의 법칙Stefan-Boltzmann's law'으로 잘 알려져 있다. 이 법칙은 물체에서 방사되는 흑체의 복사에너지radiant energy는 절대온도의 4제곱에 비례한다는 것이며 그 비례상수를 슈테판-볼츠만 상수라고 한다. 그러나 빛의 흡수가 100% 일어나는 가상의 물체인 흑체black body와는 달리 일반적인 물체는 흡수된 빛 에너지의 일부만 방사하는 데 사용된다. 따라서 일반적인 물체의 복사에너지는 슈테판-볼츠만의 식에 전체 빛 에너지에 대한 복사에너지의 비율인 복사율emissivity(ε)을 곱해 구한다.

실제 적외선을 이용한 온도의 측정은 다음의 여러 단계를 거쳐 이루어진다. 측정 대상인 물체에서 방사된 빛의 복사에너지를 적외선 온도계의 센서가 측정해 먼저 전기 신호로 변환시킨다. 방사된 적외선의 세기가 크지 않아 변환된 전기 신호는 일반적으로 증폭을 거친다. 증폭된 전기 신호는 물질에 따른 방사율을 적용하여 보정한 후 온도 값으로 변환하여 표시한다.

빛을 물질에 쪼이면 빛은 투과·흡수·반사가 일어나는데, 그중 흡수된 빛 에너지가 복사하는 데 사용된다. 물질마다 가지고 있는 흡수율이 적외선을 방출하는 복사율에 비례한다고 할 수 있다. 흡수가 100% 일어나는 가상의 물체인 흑체에 비해 대부분의 물질은 그 흡수율이 작고 또 파장에 따라 다르다. 대부분의 빛을 반사하는 금속은 복사율이 비금속보다 훨씬 낮다. 만약 복사율이 70%이면 복사에너지를 측정하여 계산된 온도 값에 100/70을 곱하여 보정해주어야 실제 온도 값을 알 수 있다.

비접촉식 적외선 온도계는 물질의 종류뿐만 아니라 빛의 파장에 따른 물질의 흡수율이 달라 측정 파장의 대역에 따라 구분하여 사용한

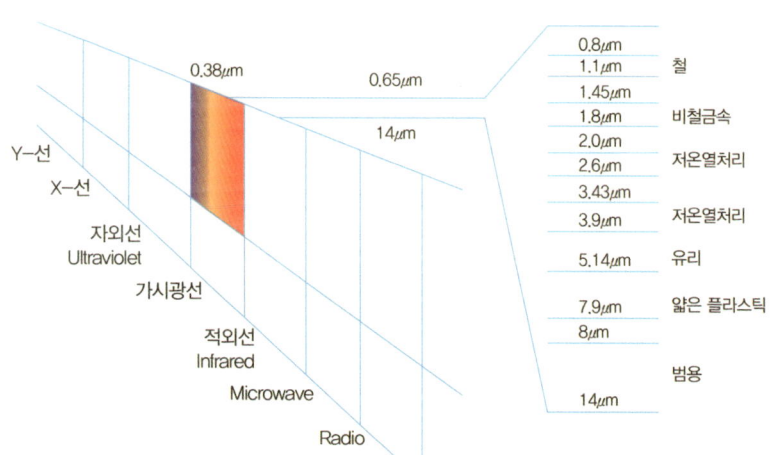

비접촉식 적외선 온도계의 파장에 따라 적용되는 물질과 공정 조건[7]

다. 일반적으로 측정 파장 가용 범위인 0.7~14μm 내에서 짧은 파장 영역은 고온을, 장파장 영역은 저온을 측정한다. 0.7~1.8μm에서는 주로 고온의 철이나 비철금속, 2.0~2.6μm에서는 저온의 금속, 5.14μm 에서는 유리 등 비금속, 8~14μm에서는 플라스틱이나 범용으로 온도를 측정하는 데 사용한다.

• 광섬유를 이용한 온도 계측

 빛을 이용한 또 다른 온도 측정 방법으로는 광섬유를 센서로 이용하는 것이다. 온도센서는 일정한 온도 유지를 위한 모니터링이나 급격한 온도의 변화로 인한 화재방지 등의 목적으로 설치한다. 대부분의 산업체나 농촌의 시설물 현장에서는 열전대thermocouple나 온도저항체 등의 전자식 온도센서를 이용한다. 최소량의 센서를 설치하고자 해도 온도의 급격한 변화와 발생위치는 예측이 불가능하므로 필요에 따라 온도센서를 위치에 따라 여러 개 설치할 수밖에 없다. 따라서 설치도 복잡하고 보수, 점검 등이 어려워 간단하고 경제적인 온도 감시 시스템temperature monitoring system을 구축하는 것이 현실적으로 어렵다.

 이러한 고충을 기술적으로 해결한 것이 광섬유를 이용한 온도센서 시스템이다. 광섬유 한 가닥으로 전체 공간 구석구석까지의 온도 변화를 동시에 측정 가능하며, 이상이 발생한 지점도 실시간으로 모니터링 하면서 감시할 수 있는 장점이 있다.

 광섬유를 이용하여 온도를 측정하는 데는 두 가지 방식이 있다. 하나는 광섬유의 코어 부분에 굴절률이 높은 층을 주기적으로 형성시킨 광섬유 브래그 격자라고 부르는 FBG^{Fiber Bragg Grating}를 온도센서로 이용하는 것이다. FBG를 통과한 빛은 브래그 조건Bragg condition을 만족하는 특정한 파장에서 반사가 일어나는데, 만약 FBG 주위의 온도가 달라지면 이 반사파장도 이동을 하며 이 이동한 파장 값을 측정하면 온도의 변화를 알 수 있다. 위치에 따른 온도의 측정은 반사파장이 달라지는 또 다른 FBG를 만들어 광섬유상에 직렬로 배치하여 가능하다. 참고로 FBG에 응력이 가해져 광섬유의 길이에 변화가 생겨도 반사파장은 이동하며, 이 파장의 이동 값을 측정하면 응력에 의한 변형률을 측정할 수 있다.

광섬유를 이용하여 온도를 측정하는 두 번째 방식은 위에서 설명한 측정 위치마다 다른 FBG를 이용해야만 하는 단점을 해소한 방법이다. FBG처럼 원하는 위치를 미리 정해 측정하는 점 계측point sensing 방식과는 달리 온도의 변화가 발생한 지점이면 어느 곳이건 모두 측정이 가능한 분산계측distributed sensing 방식이다. 분산계측법은 FBG를 전혀 사용하지 않고 오로지 광섬유만으로 측정하는데, 광섬유에서 일어나는 비선형 광학 현상nonlinear-optic phenomena 중 하나인 라만 산란Raman scattering을 이용하는 것이다.

광섬유 코어로 입사된 빛은 대부분은 통과해 나가나 극히 일부분은 산란한다. 빛의 산란은 발생 원인에 따라 레일리 산란Rayleigh scattering, 라만 산란Raman scattering, 브릴루앙 산란Brillouin scattering 등 세 가지로 나뉘는데, 온도의 측정으로는 주로 라만 산란광을 이용한다. 라만 산란광은 입사한 빛의 파장보다 길고Stokes 짧은anti-Stokes 파장의 두 가지 형태로 발생하는데, 그중 파장이 짧은 Anti-Stokes 파장의 빛이 온도 변화에 민감하여 온도의 측정에 사용된다. 광섬유 주위에서 발생한 온도의 변화로 달라진 산란광의 세기를 측정하여 온도를 알 수 있다. 이와 함께 산란광이 계측기까지 도달한 시간을 측정해 온도 변화가 일어난 위치까지 알아낼 수 있다.

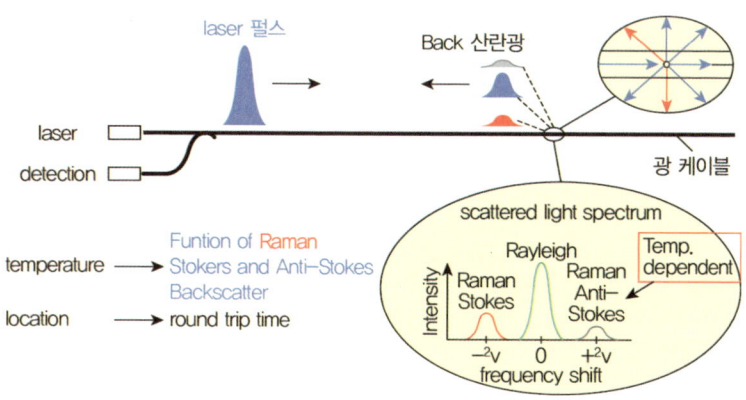

라만 산란을 이용한 분산형 광섬유 온도센서의 원리[8]

라만 산란을 이용한 이러한 분산형 온도센서DTS, Distributed Temperature Sensor는 점 계측으로는 불가능한 6km나 되는 장거리를 1m 간격으로 연속적으로 오차 0.5° 이하로 고속 측정할 수 있다. 온도를 측정하고자 하는 넓은 면적 전체를 광섬유 한 가닥으로 유연하게 포설하여 실시간으로 온도와 위치를 동시에 측정할 수 있는 큰 장점이 있다.

실제 LNG 저장탱크 업체나 암모니아 제조공장의 지하에 매설되는 파이프라인 주위에는 광섬유 분산형 온도센서를 설치해 가스의 누설 감시를 한다. 가스가 누출될 경우 주위 온도가 급격히 내려가므로 온도의 변화를 측정함과 동시에 누설 여부와 발생 위치를 알아낼 수 있다. 또한 고전압의 고전류를 공급하고 배분하는 전기배전반이나 지하

검은색의 굵은 고압 전력 케이블에 나란히 설치되어 있는 분산형 광섬유 온도센서 케이블(DTS, 빨강색 화살표)[9]

전력 케이블power cables의 과열 등 온도의 변화 감지가 중요한 전기 시설물에도 광섬유 온도센서를 적용한다. 최근에는 고전압 송전용 전력 케이블로 광섬유가 내장된 광전력 복합 케이블이 표준규격으로 사용되고 있어, 온도의 이상 변화를 실시간으로 감지하여 화재 등 사고를 미연에 방지하고 있다.

30. 빛으로 자르고 깎아내다

• 레이저 가공(Laser Machining)

에너지를 가지고 있는 빛이 물체에 전달되면 온도가 올라가는데, 이를 이용해 물체를 녹이거나 자를 수가 있다. 특히 레이저는 위상이

고른 단일파장의 빛monochromatic light이므로 집속focusing이 가능하여 금속, 유리, 세라믹, 플라스틱 등 대부분의 재료를 가공할 수 있다. 레이저는 비접촉식이며 공정 속도가 빠르고 가공 면적이 작아서 열에 의한 소재의 변형이 적은 것이 장점이다. 고출력의 레이저는 금속 철판을 자르거나 용접하는 데 가장 많이 사용된다.

레이저를 조사하면 금속은 순간적으로 기화되며 주변은 용융되는데, 동시에 강한 가스를 불어 용융금속을 제거시키면 절단이 진행된다. 용접의 경우에는 레이저의 조사로 형성된 용융금속을 불활성 가스인 헬륨He, helium과 아르곤Ar, argon으로 차폐하면서 접합이 이루어진다. 출력이 수백 W에서 수 KW 급에 이르는 10μm 파장의 CO_2 레이저나 1,060nm 파장의 Nd:YAG 레이저와 Yb-첨가 광섬유 레이저가 절단과 용접에 많이 사용된다.

스마트폰의 앞면 보호용으로 설치된 얇은 커버 유리cover glass의 절단에도 레이저가 사용된다. 커버 유리는 잘 긁히지 않고 깨지지 않도록 화학강화 처리가 되어 있어 기계적으로 자르면 산산조각이 나는 문제가 생긴다. 특히 접히는 폴더형 스마트폰의 경우에는 초박판 유리UTG, Ultra Thin Glass를 커버 유리로 사용하는데, 자르고 난 후 옆면의 후처리가 어려워 이를 해결하고자 많은 노력을 기울이고 있다. 파장 352nm의 자외선 Nd:YAG 레이저를 이용하여 절단하며, 깨끗한 절단면을 위해 레이저 조사 시 유리판을 냉각시키는 공정을 함께 수행하기도 한다.

• 극자외선과 반도체 가공

첨단 과학기술의 핵심이라 불리는 반도체는 그 제조 과정이 매우 정교하고 복잡하다. 반도체 칩chip은 반도체 소재인 실리콘 웨이퍼 silicon wafer의 가공, 산화 처리oxidation, 노광exposure에서부터 패키징 packaging 단계에 이르기까지 많은 공정을 거쳐 제조된다. 반도체 회로를 구성하는 반도체 소자의 선폭gate length(게이트 폭)을 줄일수록 전자의 이동량이 많아져 회로의 동작 속도가 빨라진다. 반도체 회로의 선폭을 1/2로 줄이면 소자의 면적은 1/4로 줄게 되어 같은 면적에서 4배 많은 소자를 제조할 수 있고, 전기 배선의 길이 또한 줄어들어 더 낮은 소비전력의 고성능 반도체를 생산할 수 있다. 따라서 반도체의 집적도를 높이기 위한 미세한 회로를 새기는 공정이 더욱 중요하게 되고 있다. 미세한 회로는 실리콘 웨이퍼 위에 빛을 쪼여 새기는 과정을 거치는데, 이러한 노광공정exposure process은 전체 반도체 생산 시간의 약 60%를 차지하고 생산 비용의 약 35%를 차지한다.

실리콘 웨이퍼에 강력한 레이저 빛으로 초미세 회로 패턴을 형성하는 포토리소그래피photolithography라고 부르는 노광공정이 반도체 제조의 핵심공정이다. 노광은 필름사진을 현상하듯이 말 그대로 빛을 이용해 실리콘 웨이퍼에 회로를 그려내는 공정이다. 회로의 패턴이 새겨진 금속 마스크를 통과한 빛은 웨이퍼 위에 도포된 감광막photoresist을 만나 화학반응을 일으킨다. 빛이 통과하여 닿은 곳과 닿지 않은 곳을 선택적으로 제거하는 화학 처리 과정을 거치면 웨이퍼 위에 회로의 패턴이 만들어진다.

최근 회로선폭의 미세화와 집적화에 따라 나노급 반도체용 포토리소그래피 기술이 지속적으로 발전하고 있다. 그동안 반도체 노광 장비는 해상력을 높이기 위해 개구수NA, Numerical Aperture가 높은 큰 렌즈를 사용하거나 파장이 짧은 빛을 광원으로 사용하며 발전해왔다. 그러나 30nm 이하로 회로의 선폭이 줄어들면서 기존의 불화아르곤ArF, argon fluoride 엑시머 레이저excimer laser를 이용한 파장 193nm의 ArF 리소그래피 기술은 한계에 이르렀다. 해결책은 노광에 쓰이는 빛의 파장을 더욱 줄이는 방법인데 파장이 짧을수록 회로의 선폭은 가늘어지기 때문이다. 기존의 리소그래피 기술의 한계를 극복할 수 있는 여러 노광 기술들이 경쟁을 하고 있지만, 10~14nm의 아주 짧은 파장을 갖는 극자외선EUV, Extreme Ultraviolet을 이용한 기술이 가장 선두로 자리매김하고 있다.

기존의 자외선보다 더 짧은 파장의 레이저 발진을 위해 극자외선 발생장치의 개발이 먼저 이루어졌다. 현재 생산되는 극자외선 발생장치는 고온, 고밀도의 플라즈마를 형성해 만든다. 특정 물질에 강한 레이저를 집광하여 플라즈마를 형성시켜 극자외선을 발생시키는 LPPLaser-produced Plasma 방법과 높은 전류를 인가해 발생시키는 DPPDischarge-produced Plasma 방법 등 두 가지 방식을 이용한다. 현재 이 EUV 장비를 생산할 수 있는 기업은 네덜란드의 ASML이 유일하다.

극자외선 발생 장치를 통해 극자외선인 EUV를 얻었다 하더라도 노광까지 가는 기술은 참으로 복잡하다. 기존의 ArF 노광 장비는 빛이 대형 렌즈를 수직으로 투과해 금속 마스크에 닿는 구조인데, EUV 장비는 렌즈를 쓰지 않고 다층 박막으로 이루어진 특수 거울을 이용해 빛을 반사시켜 마스크에 닿도록 한다. 그 이유는 유리로 만든 렌즈가 짧은 파장(13.5nm)의 극자외선을 흡수하기 때문이다. 그러나 반사로 인한 빛의 기울어진 각도는 미세한 그림자를 발생하기도 하고, 파장이 짧아질수록 원치 않는 산란광이 많아지는 문제를 일으킨다.

반도체 산업계는 조만간 선폭이 더욱 가늘어진 3nm까지 반도체 생산이 가능할 것으로 보고 있다. 따라서 EUV의 파장인 13.5nm보다 더욱 짧은 6.7nm의 BEUV 리소그래피 beyond-EUV lithography 기술도 준비하고 있다. 한편 초고가 기술인 EUV에 대응하기 위한 대안 기술로 나노 패턴을 스탬프에 형상화하고 이를 웨이퍼에 직접 찍어내는 NIL Nano Imprinting Llithography 방식과 화학적 패터닝 chemical patterning 을 기반으로 하는 DSA Directed Self-Assembly 방식도 고려되고 있다.

31. 빛으로 전기를 만들다

• Si 태양전지

태양으로부터 오는 무상의 엄청난 빛 에너지를 직접 전기에너지로 변환하면 유용하게 사용할 수 있다. 빛을 받으면 전자가 튀어나오는 광전효과 photoelectric effect 로 기전력을 발생시켜 에너지 변환을 만들어낸다. 빛을 흡수하고 흡수한 빛 에너지를 전기에너지로 변환시키는 장치가 태양전지 solar cell 이다. 태양전지는 빛을 흡수하는 소재에 따라 실리콘 silicon 반도체, 화합물 compound 반도체, 유기 organic 소재 등으로 나뉘며, 형태에 따라서는 실리콘과 같은 결정질 crystalline 소재, 화합물 반도체인 CIGS Copper Indium Gallium Selenide 와 CdTe Cadmium Telluride 의 박막think film 소재, 염료감응형dye-sensitized 소재, 양자점quantum dot 과 플라즈몬plasmon 소재 등으로 나눈다.

실리콘Si 반도체를 이용한 태양전지가 가장 보편적으로 사용되는데, 전기적 성질이 다른 Nnegative형과 Ppositive형의 반도체를 접합시킨 구조를 하고 있다. Si에 붕소B, boron를 첨가하여 P형을 만들고 그 표면에 인P, phosphorus을 확산시키면 N형 층이 형성되어 PN-접합PN-junction 구조가 된다. 빛을 받으면 반도체 내에서는 음(-)의 전하를 가진 전자와 양(+)의 전하를 가진 정공hole이 발생하여 각각 자유롭게 움직이지만, PN-접합에 의해 생긴 전계에 들어오게 되면 전자는 N형 반도체 쪽으로 정공은 P형 반도체 쪽으로 모인다. 이때 반도체 표면에 전극을 만들어 전자를 외부 회로로 흐르게 하면 원하는 전류를 얻게 되는 것이다. 참고로 광전효과는 반도체 PN-접합 구조에서뿐만 아니라 금속과 반도체의 접촉면에서도 일어난다.

이렇게 Si PN-접합으로 이루어진 태양전지 셀은 60개 또는 72개가 전기적으로 연결되어 유리 패널에 모듈화된다. 태양광 모듈에서 생성된 전류는 직류인데 인버터inverter를 통해 교류로 변환하여 사용한다.

태양전지를 가능케 한 광전효과photovoltaic effect(photoelectric effect와 근본적으로 같은 현상)는 1839년 프랑스의 물리학자인 베크렐Alexandre-Edmond Becquerel, 1820-1891이 최초로 발견한 이래 1870년대에는 광전효율 1~2%의 셀레늄 전지selenium cell가 개발되어 사진기의 노출계에 사용되었다. 1940년대부터 고순도의 단결정 실리콘single-crystal silicon이 제조됨에 따라 1954년에는 미국의 Bell Lab에서 효율 4%의 실리콘 태양전지Si-solar cell가 개발되었다. 지속된 기술의 발전으로 2014년에는 일본에서 실리콘 태양전지로 광전효율 25.6%을 얻었고, 2015년에는 4-접합형4-junction type 복합 화합물 반도체를 이용해 프랑스와 독일의 공동 연구팀이 광전효율 46.1%를 실험실에서 얻은 바가 있다. 그러나 이러한 고효율의 태양전지는 매우 고가여서 범용으로 사용하지 못하며 대부분 특수 목적에 이용되고 있다.

태양전지의 연구와 개발은 그동안 주로 미국, 유럽, 일본과 호주에서 활발하게 진행되었고 대부분 국가가 주도하고 있다. 범용적인 태양광 발전을 위해서는 생산 단가는 낮으며 상대적으로 광전효율은 높은 태양전지가 필요하다. 현재는 광전효율 15% 이상의 다결정 실리콘polycrystalline silicon을 이용한 태양전지가 가장 많이 생산되어 시판되고 있다. 태양전지를 이용한 태양광 발전소는 일조량이 크고 인구가 적은 지역인 사막 등에 설치되어 사용되고 있는데, 청정한 태양에너지가 무제한적으로 공급되는 것이 가장 큰 장점이며 유지보수가 용이하고 무인화가 가능하다. 그러나 전력 생산량이 지역의 일조량에 의존하며 에너지밀도가 낮아 큰 설치 면적이 필요하고 발전 단가가 높은 단점이 있다. 또한 발전 효율을 유지하기 위하여 태양광 패널에 쌓이는 각종 이물질을 주기적으로 세척해야 하는데 이때 사용하는 세척제에 의한 환경오염도 간과할 수 없다. 특히 최근에는 새만금에 설치한 대규모 태양광 패널들이 철새들의 배설물로 뒤덮여 예기치 못한 문제로 대두되고 있다.

한편 전기를 생산하는 목적의 대형 태양광 발전과는 다르게, 태양전지에서 생긴 전기를 축전지에 저장하고 이를 독립적으로 가로등, 도로 표지판 등에도 사용하는 소형의 태양광 발전은 그 쓰임새가 많다.

• 창문형 투명 태양전지

태양전지는 전기를 생산하는 발전소의 역할이 우선이어서 대규모 단지에 태양광 발전소를 지어서 운용하거나 개별 주택에 소형의 태양전지 패널을 설치하여 보조 전력으로 사용하는 것이 대부분이다. 최근 이와는 다르게 태양전지를 건물의 창문에 적용하는 사례가 늘어나고 있다. 주로 건설사가 공동주택의 창문에 이용하는데 이를 위해서는 투명한 태양전지가 필수적이다. 주로 대량생산이 가능한 투명한 박막형 태양광 패널을 사용하여 창문의 기능과 함께 전기를 발생시키는 장점이 있다.

실리콘 태양전지의 주 소재인 불투명한 재질의 실리콘도 기술의 진보를 이루어 창문의 기능을 부여하기 위한 투명화 기술이 최근 개발되었다. 실리콘에 가시광선이 투과하는 미세구조를 함유시켜 투명한 결정질의 실리콘을 개발하였는데, 이를 이용해 제작한 무색투명의 태양전지는 최고 12.2%의 광전변환 효율을 얻은 바 있다. 창문과 전기 생산이라는 두 가지 목적을 달성한 이 투명 실리콘 태양전지는 건물의 유리창, 자동차 선루프sunroof 등에 유용하게 쓰일 것으로 예상된다.

또 다른 형태의 투명한 태양전지는 실리콘 대신 유기물을 기반으로 한 폴리머polymer를 주로 이용한다. 유기 태양전지는 계면의 접합특성을 높이기 위해 전자 이동층과 광 활성층 사이에 유기 분자organic elements를 도입하여 제작하는데, 광전효과와 함께 유연성을 가진다는 장점이 있다. 최근 국내에서 유기물 기반의 유연한 태양전지의 기능과 함께 전기를 통하면 색이 바뀌는 전기변색 기능electrochromism을 함께 적용한 태양전지 소자가 개발되었다. 태양전지의 전기에너지를 통해 스스로 빛의 밝기가 조절되는 스마트 기능을 탑재한 창문은 새로운 창호로서의 큰 역할이 기대가 된다.

• 염료감응형 태양전지

염료감응형 태양전지DSSC, Dye-Sensitized Solar Cell는 식물의 엽록체에서 빛 에너지를 흡수하는 식물의 광합성 원리를 태양전지에 적용한 기술이다. 반도체 표면에 염료를 도포해 빛과 염료의 반응을 이용해 전기를 발생시킨다. 염료감응형 태양전지는 1988년 미국 캘리포니아대의 오리건Brian C. O'Regan과 그레첼Michael Grätzel에 의해 발명되었고 그레첼의 계속된 연구에 힘입어 광전효율의 증대가 이루어졌다.

가시광선 파장 영역에 선택적인 광흡수 특성을 가진 염료를 광전

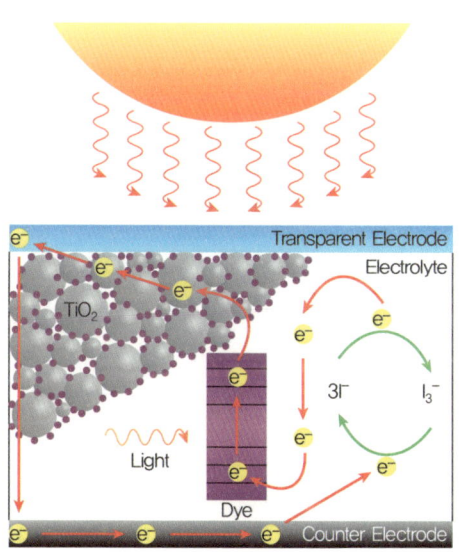

염료가 흡착된 나노 크기의 다공질의 TiO_2로 이루어진 염료감응형 태양전지. 태양빛을 흡수한 염료로부터 나온 전자가 전극에 도달하여 전류가 발생한다.[10]

소재photovoltaic material로 사용하는데, 태양에너지의 약 44%에 해당하는 가시광선을 효과적으로 이용하기 위한 목적이다. 산화물 반도체인 이산화티타늄TiO_2, titanium dioxide 미세입자를 빛을 받은 염료로부터 발생한 전자의 이동을 담당하는 소재로 사용하여 전지를 구성한다. 기존의 실리콘 태양전지는 태양에너지의 흡수와 그 결과로 생성된 전자와 정공의 분리 및 이동이 반도체 내에서 동시에 일어나는 데 반해, 염료감응형 태양전지에서는 태양에너지의 흡수는 염료가 담당하고 생성된 전자와 정공의 분리 및 이송은 반도체 나노 입자에서 이루어진다.

염료 물질은 가시광선 전 파장영역에서의 빛 흡수, 나노 입자와의 강한 화학결합, 빛과 열에 대한 안정성 등의 조건을 만족시켜야 한다. 가장 많이 사용되는 염료는 루테늄Ru, ruthenium계 유기금속화합물organo-metallic compound이며, 전극 소재로는 주로 백금Pt, platinum을 사용한다. 탄소 나노튜브carbon nanotube 등 다른 소재도 전극소재로 개발되어 활용되고 있다. 염료감응형 태양전지는 다른 태양전지에 비해 비교적 간단한 셀 구조를 가지며 제작 방법 또한 간단하여 제조 단가가 낮은 등 많은 장점이 있다. 반면 실리콘 태양전지에 비해 절반 수준의 낮은 광전효율은 큰 단점이다.

32. 빛으로 빛을 만들다

여름밤이면 하늘에서 벌어지는 빛의 축제를 자주 볼 수 있다. 인간이 만든 빛의 향연인데, 화약을 공중에 터뜨리는 불꽃놀이와 여러 색의 빛이 광선처럼 나와 춤추는 레이저 쇼가 대표적이다. 불꽃은 특정한 성분의 화약이 산소와 만나 생기는 화학반응의 결과로 폭발하는 것인데, 그 성분에 따라 특정한 파장대의 빛이 나와 색이 다르게 나온다. 폭죽처럼 터지고 나면 곧 사라지는 불꽃과는 달리 레이저 빛은 기계를 작동시키는 한 계속해서 비출 수 있다.

이렇듯 빛은 여러 방법을 통해 인공적으로 만들어낼 수 있다. 가장 흔한 예로는 촛불이나 전등불이다. 촛불은 양초가 연소하면서 내는 빛이므로 폭죽처럼 화학반응에 의해 일어난다. 전등은 전기를 켜면 빛을 내는데, 전기에너지가 빛 에너지로 변환된 결과이다. 텅스텐 필라멘트에 전류가 흐르면 금속의 저항 때문에 온도가 오르고 빛을 내는 것이다.

• 레이저의 원리

인공의 빛인 레이저는 빛이 또 다른 빛을 만들어내는 좋은 예다. 레이저는 원래 복사 유도 방출에 의한 광증폭light amplification by stimulated emission of radiation의 앞머리 글자를 따온 단어로 물리적인 현상을 일컫는데, 이제는 증폭된 빛, 즉 레이저로 통용된다. 레이저를 발생시키는 발진 매질에 따라 기체 레이저gas laser, 고체 레이저solid-state laser, 반도체 레이저semiconductor laser 등으로 구별하고 있다.

기체 레이저인 헬륨-네온He-Ne, helium-neon 레이저, 이산화탄소CO_2, carbon dioxide 레이저 등은 기체의 방전을 이용해 빛을 만들어낸다. 반도체 레이저는 전류로 발진을 일으켜 빛을 만들어낸다. 반면 희토류 원소인 네오디뮴Nd, neodymium이 함유된 야그YAG, yttrium-aluminumgarnet 단결정이나 이터븀Yb, ytterbium이 함유된 유리 광섬유를 이용한 고체 레이저는 빛을 쪼여 레이저를 발진시킨다.

화학반응, 기체의 방전, 전류의 인가 등을 통해서 만들어내는 빛과는 달리 빛을 이용해 빛을 만들어내는 레이저 기술은 1960년대에 처음 개발된 기술이다. 이후 많은 발전을 이루어 이젠 일상생활에서도 다채로운 레이저의 활약을 쉽게 볼 수 있다.

CD나 DVD는 레이저로 음성이나 영상으로 재생되며, 자료의 발표는 빨간색 또는 초록색의 빛이 나오는 레이저 포인터laser pointer를 이용한다. 물건을 사고 계산할 때 표시된 바코드나 QR 코드는 레이저로 스캔한다. 안과에 가서 받는 라식LASIK, Laser-Assisted in-Situ Keratomileusis 수술이나 피부과에서 문신이나 흉터를 제거하거나 점을 뺄 때도 레이저를 이용한다. 최근에는 레이저를 이용하여 사람의 장기를 절개하거나 지혈하는 데도 사용하며, 뇌와 안구의 수술 등 외과적인 의료 분야에서도 많이 사용된다.

레이저의 산업적인 응용으로는 파장과 세기에 따라 레이저를 광학기기나 광통신 시스템의 광원으로 사용하며, 재료를 새기거나 절단하고 용접하는 기계가공 분야의 핵심부품으로도 레이저가 요긴하게 사용되고 있다. 또한 레이저를 이용해서 유리 내부에 미세한 크랙crack을 형성시켜 3차원의 영상을 새겨 넣는 작품을 만들 수 있다.

이렇게 빛으로 만들어낸 인공의 빛인 레이저는 일찍이 1917년에 아인슈타인Albert Einstein, 1879-1955이 발표한 광양자 이론으로 예견되었다. 아인슈타인은 높은 에너지 상태에 있는 전자가 빛의 알갱이인 광자photon를 만나면 이 광자와 같은 위상과 파장을 가진 광자를 방출하고 낮은 에너지 상태로 떨어진다고 발표하였다.

이후 1960년에 이르러서야 미국의 물리학자 메이먼Theodore Harold Maiman, 1927-2007에 의해 최초로 레이저가 발명된다. 제논 램프xenon lamp로 크롬Cr, chromium의 이온이 소량 함유된 단결정 루비Al_2O_3, ruby에 빛을 비춰 새로운 빛인 레이저를 만들어낸 것이었다. 퍼지지도 않고 한곳으로 모아진 레이저는 일반 빛과는 다르게 하나의 파장을 가진 빛이었고 그 세기가 매우 컸다. 같은 해인 1960년 말에는 헬륨He, helium과 네온Ne, neon의 혼합 가스를 이용한 He-Ne 레이저가 발명되었고, 1962년에는 반도체를 발진 재료로 이용한 반도체 레이저가, 1963년에는 또 다른 기체인 이산화탄소를 이용한 CO_2 레이저가 개발되었다.

빛이 빛을 만드는 레이저의 원리를 간단하게 알아보자. 물질을 이루는 원자는 중심에 원자핵이 있고 그 주위에는 전자들이 궤도를 따라 돌고 있다. 전자가 가진 에너지가 최소일 때 에너지의 위치인 준위는 바닥 상태ground state에 있고, 외부에서 에너지를 얻으면 높은 에너지 준위에 있게 되어 들뜬 상태excited state가 된다. 들뜬 상태에 있는 전자는 불안정하여 시간이 지나면 바닥 상태로 되돌아가는데, 높은 준위에서 낮은 준위로 떨어져 그 차이만큼의 에너지가 빛, 즉 포톤photon으로 방출된다. 이렇게 방출되는 빛을 자연방출spontaneous emission된다고 하며, 방출되는 포톤 하나의 에너지 E는 플랑크 상수 h와 그 진동수 ν의 곱인 $E = h\nu$의 값을 가지며 파장, 위상, 방향이 일정하지 않다.

파장, 위상, 방향이 일정한 레이저는 자연방출이 아닌 유도방출stimulated emission이 일어나야 가능하다. 유도방출이 가능하려면 들뜬 상태의 에너지 준위가 여러 개 있어야 한다. 바닥 상태의 에너지 준위를 E_1이라 하고, 들뜬 상태의 에너지 준위가 E_2, E_3, E_4으로 3개인 경우를 생각해보자. 바닥 상태 E_1에 있는 전자가 외부에서 에너지를 받아 가장 높은 들뜬 상태 E_4로 올라간다. 여기서 매우 짧은 시간 동안 머문 다음 그 아래의 들뜬 상태인 에너지 준위 E_3로 떨어지는데, 이때 상대적으로 머무는 시간이 길어 준안정상태metastable state로 있게 된다. 이 준안정상태의 E_3에 점점 많은 전자가 모이게 되면 상대적으로 안정한 아래층의 준위보다 전자 개수가 많은 밀도반전density inversion 현상이 일어난다. 많은 전자들 중 한 개가 그 아래의 에너지 준위 E_2로 떨어지면 자발적으로 빛을 방출한다. 방출된 빛은 E_3에 있는 다른 들뜬 전자를 자극하여 아래의 준위 E_2로 계속 떨어지게 하는데, 이때 빛이 또 방출된다. 이러한 반응은 연쇄적으로 일어나고, 따라서 빛의 세기가 계속 증가하는 유도방출stimulated emission이 일어나는 것이다. 이때 전자가 떨어지는 에너지 준위의 간격 $E_3 - E_2$이 일정하므로 방출되는 빛의 파장도 하나로 정해진다. 다시 말하면 외부에서

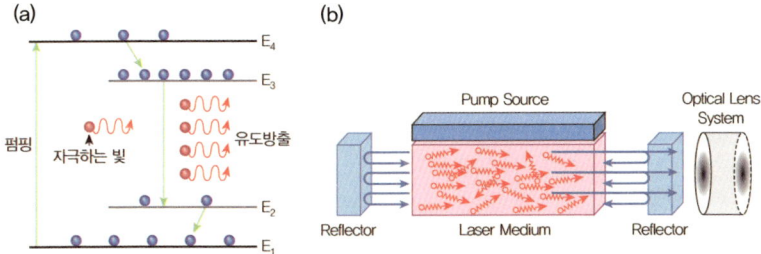

(a) 준안정상태인 준위 E_3에서 준위 E_2로 전자가 연쇄적으로 떨어져 유도방출이 일어난다. (b) 펌프 광에 의해 유도방출된 레이저 빛은 공진기의 양면에 있는 거울을 왕복하면서 증폭되어 방출된다.[11]

빛으로 에너지를 공급하여 전자를 들뜨게 하고 유도방출을 일으킴으로써 단일파장의 레이저가 만들어지는 것이다. 레이저를 방출한 후 바닥 상태 바로 위 E_2에 떨어진 전자들은 최종적으로는 바닥 상태 E_1으로 떨어진다.

전자를 바닥 상태에서 들뜬 상태로 올리기 위해 에너지를 공급하는 과정을 펌핑pumping이라고 하며 그 방법은 레이저의 종류에 따라 다르다. Nd:YAG Laser, Nd:Glass Laser, 광섬유 레이저fiber laser 등의 고체 레이저solid state laser와 액체 레이저dye laser는 강한 빛으로 펌핑한다. CO_2 레이저, He-Ne 레이저, 아르곤 레이저Ar laser, 엑시머 레이저excimer laser 같은 기체 레이저는 전기방전electric discharge에 의해 전자를 충돌시켜 펌핑한다. 레이저 다이오드LD, Laser Diode 같은 반도체 레이저는 전류를 흘려 펌핑한다.

이렇게 유도방출을 통해 나오는 빛의 세기를 크게 하기 위해서는 매질의 양쪽에 반사율이 다른 거울을 놓고 증폭시키는 과정을 거친다. 한쪽에는 반사율이 100%에 가까운 거울을 다른 한쪽은 빛의 일부분이 투과할 수 있도록 약간 낮춘 반사율의 거울을 설치하는데, 이런 구조를 공진기cavity라고 한다. 공진기 내부에 위치한 발진 매질에서 나온 레이저 빛은 양쪽 거울에 반사되어 무수히 왕복하면서 증폭이 이루어진다. 증폭 후 빛의 세기가 점점 증가하여 그 이득gain이 공진기 내부에서 일어나는 손실보다 크면 반사율이 낮은 거울을 통과해 나온다. 이것이 위상과 파장이 같아 결맞음성coherence을 가지고 한 방향의 강한 빛으로 나오는 레이저이다.

• 광섬유 레이저

그동안 산업용으로 주로 사용되고 있던 레이저는 고체 레이저의 하나인 Nd:YAG 레이저이다. 레이저의 출력을 높이기 위해서는 크기가 큰 발진재료와 출력이 높은 펌프 광원이 있어야 한다. 1,064nm 파장에서 발진되는 Nd:YAG 레이저는 발진 매체로 YAG 단결정을 사용하는데, 그 크기에 제한이 있고 따라서 출력도 제한적이다. 펌프 광원으로는 제논 램프xenon lamp나 레이저 다이오드LD를 사용하는데 공진기의 구조상 광손실photon loss이 많다. 부피 또한 크고 열 발생도 많아 출력이 높은 경우 냉각기를 반드시 설치해야 하는 단점이 있다.

반면 최근 가장 빠른 속도로 기술적인 비약을 한 광섬유 레이저는 레이저 발진을 일으키는 재료가 유리로 된 광섬유이며, 광섬유를 통해 펌프 광을 넣어주고 광섬유 내부에 형성된 거울로 증폭되는 공진기 구조를 가지고 있다. 광섬유 한 가닥이 발진 소재이면서 공진기가 되어 같은 출력의 기존의 레이저보다 크기가 수십 분의 일 이하로 작으며, 펌핑 효율이 높고 열 발생이 적어 별도의 냉각기가 필요 없는 큰 장점이 있다.

산업용 광섬유 레이저는 이터븀Yb, ytterbium이 첨가된 특수 광섬유를 발진재료로 사용하며 펌프 광원으로는 LD를 사용한다. 펌프 광원의 파장은 주로 980nm나 915nm을 사용하고 발진되는 레이저의 파장은 Nd:YAG 레이저와 같은 1,064nm이다. 발진 매체로서의 최적의 광섬유는 펌핑 광을 최대로 흡수해야 하고 발진되어 출력되는 레이저의 파장에서는 광흡수가 최소가 되어야 한다. 이 조건이 맞지 않으면 펌핑 효율이 낮거나 출력되는 레이저가 광섬유 유리에 다시 흡수되어 사용하기 어렵다. Yb가 함유된 광섬유가 1,064nm 레이저의 발진 매체로 가장 적합해 산업용으로 대량으로 제조되고 있다.

만약 다른 파장의 레이저를 원하면 발진 매체인 광섬유의 조성을 달리하면 가능하다. 광섬유 코어core 부분에 첨가하는 전이금속transition metals이나 희토류 원소rare-earth elements의 종류에 따라 발진되는 레이저의 파장은 달라진다. 한 종류의 원소를 첨가해도 존재하는 이온의 원자가에 따라 파장도 달라진다. 또한 이온에 존재하는 다수의 전자로 에너지 준위도 많아 그 천이 과정에 따라 발진 파장도 복수로 존재한다. 광통신용 증폭기에 사용하는 레이저용 광섬유는 광신호의 파장인 1,550nm에 적합한 어븀Er, erbium을 첨가한다. 의료용 레이저용 광섬유는 인체와 레이저의 상호작용이 일어나는 긴 파장의 적외선 영역을 이용하는데, 용도와 파장에 따라 툴륨Tm, thulium이나 홀뮴Ho, holmium 등을 첨가한 광섬유를 사용한다.

광섬유 코어에 첨가된 희토류 원소의 바닥 상태에 있는 전자들을 들뜨게 하는 펌프 광원으로는 고출력 LD를 사용한다. LD는 빛이 광섬유의 코어로 입사되도록 광섬유에 연결된 것을 사용하는데, 이 광섬유 끝을 레이저 발진용 광섬유와 융착fused splicing하여 연결한다. 따라서 광섬유 레이저는 기존의 고체 레이저와는 달리 LD를 통해 나오는 펌프광은 거의 손실이 없이 레이저 발진에 전부 사용된다. 이와 함께 공진기 역할을 하는 두 개의 거울도 광섬유에 연결하거나 직접 새겨 사용한다. 거울은 광섬유 코어 부분에 브래그 격자FBG, Fiber Bragg Grating를 새겨 만든 것인데, 브래그 조건을 만족하는 파장만을 반사하고 그 외의 파장은 그대로 투과시키는 특징을 가져 거울의 역할을 한다. 반사율이 다른 FBG 두 개를 발진용 광섬유의 양쪽에 융착하거나 새겨 넣어 공진기를 구성하는 것이다.

간단한 구조로 이루어진 광섬유 레이저 공진기로 이루어진 광섬유 레이저 시스템은 출력을 올리기 위해서는 펌프 광원인 LD를 추가해 연결하면 가능하다. Yb 첨가 광섬유를 이용한 광섬유 레이저는 수십 KW급까지 출력을 높일 수 있어 두꺼운 금속의 절단 및 용접에 사용된다. 특히 광섬유 레이저의 출력단이 유연하고 작은 크기의 광섬유로 되어 있어 장비의 원하는 위치에 쉽게 설치할 수 있는 장점이 있다. 고출력 광섬유 레이저는 움직이는 비행체를 빛의 속도로 파괴하는 군사용 무기로도 사용되고 있다.

• 인공태양과 핵융합

우리가 매일 만나는 빛은 태양으로부터 온다. 태양은 수소$^{H, hydrogen}$의 핵융합반응$^{nuclear\ fusion\ reaction}$의 결과로 엄청난 에너지의 강렬한 열과 빛을 발생하는데, 이는 태양이 초고온의 온도와 높은 압력의 조건을 갖추고 있어 가능하다. 이러한 태양을 인공적으로 만들 수 있는데 핵융합반응이 일어날 수 있는 조건을 맞추면 가능하다. 2020년 11월에 한국에서는 초전도 핵융합연구장치인 KSTAR$^{Korea\ Superconducting\ Tokamak\ Advanced\ Research}$를 설치하여 온도 1억°C에서 20초간 유지하는 데 성공하였다. 1년이 지난 2021년 11월에는 유지시간을 30초로 늘려 세계기록을 계속 경신하고 있다. 3.5테슬라$^{T,\ tesla}$(자기장의 단위)의 강한 자기장을 내는 초전도 자석$^{superconducting\ magnet}$을 이용하여 되도록 장시간 플라즈마를 유지할 수 있도록 설계된 장비다. 이렇게 높은 온도에서는 어떤 물질도 플라즈마 상태가 되는데, 중성입자 빔 가열장치NBI, Neutral Beam Injector와 전자공명 가열장치ECH, Electron Cyclotron Heating를 이용해 고온을 유지시킨다. 1억°C 이상 고온은 현재 기술로도 30초 이상 유지시켜주는 것은 어려운데, 오랜 기간 끊임없이 핵융합반응이 일어나는 태양은 놀랍고 신비롭다.

태초에 생긴 대폭발the Big Bang로 처음 생긴 원소가 수소이며, 지구상에 가장 많이 존재하는 원소도 바로 이 수소다. 중성자neutron 없이 양성자proton 1개로 이루어진 원자핵nucleus과 1개의 전자electron로 이루어진 수소^{1}H, hydrogen에 중성자가 1개, 2개가 더해진 원자핵이 되면 각각 수소의 동위원소인 중수소^{2}H, deuterium, 삼중수소^{3}H, tritium가 된다. 중수소와 삼중수소가 1억°C 이상의 온도에 놓이게 되면 이들의 운동에너지kinetic energy가 충분히 커져서 둘 사이에 작용하는 전자기적 척력electromagnetic repulsion, coulomb force을 이기고 서로 가까이 다가갈 수 있게 된다. 어떤 거리 이상으로 가깝게 되면 이제는 핵력nuclear force 또는 강력strong force이라고 하는 강한 인력이 전자기적 척력보다 비할 수 없이 커져서 이 둘은 뭉치게 된다. 그 결과로 만들어지는 것이 헬륨인데 이것이 핵융합반응이다.

핵융합반응의 목적은 중수소와 삼중수소의 원자핵이 결합할 때 생기는 질량의 차이 때문에 발생하는 막대한 에너지를 뽑아내어 전력 생산에 이용하려는 것이다. 물은 수소와 산소로 이루어져 있으므로 핵융합반응의 원료는 무궁무진하다고 할 수 있다. 우라늄^{238}U, uranium의 핵분열nuclear fission reaction반응을 이용하는 원자력발전소와 달리 핵융합반응으로는 방사성 폐기물radioactive waste이 거의 나오지 않는다.

1952년 수소폭탄hydrogen bomb 실험을 통해 핵융합반응의 가능성을 열었고 새로운 에너지원으로도 주목받고 있다.

지구에서는 핵융합반응을 일으키기 위해 태양에서보다 훨씬 높은 온도가 필요하다. 태양처럼 압력이 높지 않기 때문인데 플라즈마를 1억°C 이상으로 가열해야 한다. 그리고 이 플라즈마를 흩어지지 않게 가두어야 하는데 강한 자기장을 걸어 가능하다. 이러한 장치를 자기장 코일로 만든 도넛 모양의 초고온 플라즈마를 담는 핵융합 실험장치라고 하는데 줄여서 토카막TOKAMAK(toroidal chamber with magnetic coils라는 뜻의 러시아어 단어의 첫 글자 조어)이라고 부른다. 자기장을 인가하기 위해서 이전에는 구리선copper wire을 감은 전자석electromagnet을 사용했으나 이젠 구리 대신 전기저항이 거의 없는 초전도 소재superconducting material를 사용한 자석을 이용한다.

핵융합반응은 1억 5,000만°C 정도에서 가능하다고 알려져 있으며 KSTAR는 고온의 플라스마를 잘 잡아두게 하는 장치다. 일본과 유럽은 현재 세계 최대의 핵융합 실험장치인 토카막 JT-60SA를 2020년에 공동으로 완공했으며, 2025년 완공을 목표로 프랑스에 짓고 있는 국제핵융합실험로ITER, International Thermonuclear Experimental Reactor에서 핵융합반응 실험을 2035년에 수행할 예정이다.

• 레이저를 이용한 핵융합

한편 자기장 안에서 발생하는 플라즈마를 이용해 1억°C 이상의 높은 온도에서 수소의 핵융합을 발생시키는 자기장 핵융합과는 달리, 빛을 이용하는 관성 봉입 핵융합ICF, Inertial Confinement Fusion이라고 하는 기술이 최근 제안되어 연구가 활발히 진행 중이다. 1억°C 정도의 고온을 만들어내는 초고출력 레이저를 중소수와 삼중수소의 혼합물 펠릿$^{pellet,\ D-T\ fuel}$에 집중시켜 가열 후 압축을 통해 핵융합을 일으키는 방법이다. 레이저와 원자로를 독립적으로 설치할 수 있고 원자로 내의 진공도를 낮출 수 있어 액체금속을 사용하여 중성자나 X선에 의한 피폭을 대폭적으로 감축할 수 있는 장점이 있다.

2014년 미국의 국립 로렌스 리버모어 연구소$^{LLNL,\ Lawrence\ Livermore\ National\ Laboratory}$에서는 '국립점화장비$^{NIF,\ National\ Ignition\ Facility}$'라는 시설을 이용해 다수의 고출력 레이저를 연결하여 4 MJ^{megajoule}까지 출력을 높인 레이저를 개발하였다. 이는 티타늄-사파이어$^{titanium-sapphire}$를 발진 매질로 하는 타이-사파이어$^{Ti-Sapphire}$ 레이저를 이용하여 펨토초$^{femto\ sec}$($1fs = 10^{-15}s$)의 펄스폭$^{pulse\ width}$을 갖고 페타와트$^{peta\ watt}$($1PW = 10^{15}W$) 이상의 출력을 갖는 극초단 초고출력 레이저이다. 이런 고출력 레이저 192개를 연결해 무려 500PW까지 출력을 높여 1억°C 이상의 온도를 올릴 수 있었으며, 200기압의 고압 상태의 중수소와 삼중수소 펠릿에 레이저로 조사하였다.

그런데 아직도 해결해야 할 문제가 산적해 있는 실정이다. 레이저의 발진이 최소 1초에 10회 이상 반복해 일어나야 하고, 출력을 높이기 위해 레이저를 200개 정도 결합할 때 발생하는 간섭에 따른 위상변화 문제를 해결해야 한다. 낮은 펄스 반복률$^{pulse\ repetition\ rate}$과 레이저 간의 간섭은 안정된 출력을 얻기 어려워 결국 출력 자체를 높이기가 불가능하기 때문이다.

이를 해결하기 위해 '유도 브릴루앙 산란 위상공액거울$^{SBS-PCM,}$

Stimulated Brillouin Scattering Phase Conjugation Mirror'이 개발되었으며, 기술은 진화를 거듭해 최근에는 위상까지 제어하게 되었다. 미국과 일본, 유럽에서 그동안 많은 연구 진전이 있었으나, 현재는 한국과 중국이 핵융합반응에서 가장 중요한 플라즈마 중심이온 온도plasma central ion temperature와 유지 시간hold time에 목표를 설정하고 세계를 선도하고 있다. 국내에서는 한국핵융합에너지연구원KFE, Korea institute of Fusion Energy을 필두로 KAIST와 페타와트PW 출력의 레이저를 보유하고 있는 광주과학기술원의 고등광기술연구소APRI, Advanced Photonics Research Institute, 한국원자력연구원KAERI, Korea Atomic Energy Research Institute, 기초과학연구원IBS, Institute for Basic Science 등에서 레이저 핵융합과 고속점화 기술 등에 대한 연구를 수행하고 있다.

그림 및 사진 출처

제1장 _ 빛을 탐(探)하다

1 https://upload.wikimedia.org/wikipedia/commons/thumb/c/cc/The_Hubble_eXtreme_Deep_Field.jpg/400px-The_Hubble_eXtreme_Deep_Field.jpg
https://img.khan.co.kr/news/2017/10/26/l_2017102701002843500238322.jpg

2 https://www.maxpixels.net/static/photo/1x/Reflexes-Star-Sun-Earth-Space-Rays-Cosmos-Balls-1884518.jpg)
https://dbscthumb-phinf.pstatic.net/2644_000_17/20181219200532691_UKLLZDK43.jpg/5b9cff28-be42-45.jpg?type=m935_fst_nce&wm=Y)

3 http://img.hani.co.kr/imgdb/resize/2015/0606/143349986770_20150606.JPG

4 https://en.wikipedia.org/wiki/Corona

5 https://i.pinimg.com/originals/47/c3/8a/47c38a2266e112a4f682517b9cbddb2a.jpg

6 https://en.wikipedia.org/wiki/Speed_of_light

7 https://upload.wikimedia.org/wikipedia/commons/8/8a/On_the_Relative_Motion_of_the_Earth_and_the_Luminiferous_Ether_-_Fig_3.png
https://upload.wikimedia.org/wikipedia/commons/thumb/f/f4/Michelson_morley_experiment_1887.jpg/300px-Michelson_morley_experiment_1887.jpg

8 https://upload.wikimedia.org/wikipedia/commons/thumb/8/86/Ebohr1_IP.svg/440px-Ebohr1_IP.svg.png

9 https://upload.wikimedia.org/wikipedia/commons/6/6f/Millikan%E2%80%99s_oil-drop_apparatus_1.jpg

10 https://www.onlinemathlearning.com/image-files/snells-law.png

11 https://en.wikipedia.org/wiki/Snell%27s_window

12 https://img1.daumcdn.net/thumb/R720x0.q80/?scode=mtistory2&fname=http%3A%2F%2Fcfile21.uf.tistory.com%2Fimage%2F993B0F435B5EBAA808235A
https://img1.daumcdn.net/thumb/R1280x0/?scode=mtistory2&fname=http%3A%2F%2Fcfile23.uf.tistory.com%2Fimage%2F990CE2415B5FA77A0FC198

13 양자역학 개론 p.42, 김영훈, 광운대학교, 2009(https://www.cheric.org/files/education/cyberlecture/e201001/e201001-1901.pdf).

14 양자역학 개론 p.46, 김영훈, 광운대학교, 2009(https://www.cheric.org/files/education/cyberlecture/e201001/e201001-1901.pdf).

15 https://encrypted-tbn0.gstatic.com/images?q=tbn:ANd9GcQMQ_KU1v2jQBa1qlYLlc1Abl7lCD07oEqgYA&usqp=CAU

16 http://www.sinyongsusan.com/xe/files/attach/images/137/192/eb05e858d841a59bc46170d7a799e8bc.jpg

17 http://gdimg.gmarket.co.kr/839854316/still/280?ver=1516106003
https://en.wikipedia.org/wiki/Polarizer#Linear_polarizers

18 https://ko.srimathumitha.com/images/obrazovanie/polyarizovannij-i-estestve brewster's angle-Bing images

제2장 _ 색을 탐(探)하다

1 http://ncc.phinf.naver.net/20151127_181/1448607236775eeXLe_JPEG/04.jpg?type=w646
2 https://obj-sg.thewiki.kr/data/eb8298ebacb45f5247425fec8898eca0952e706e67.png
3 http://img.khan.co.kr/news/2016/11/11/l_2016110501000309000132412.jpg
4 http://statkclee.github.io/swcarpentry-version-5-3-new/lessons-5-2/novice/python/img/color-cube.png
5 https://m.blog.naver.com/PostView.naver?isHttpsRedirect=true&blogId=caliper9&logNo=30092891263
6 https://t1.daumcdn.net/cfile/tistory/2375E945592198B929
7 https://upload.wikimedia.org/wikipedia/commons/7/71/Braeburn_GrannySmith_dichromat_sim.jpg
8 https://upload.wikimedia.org/wikipedia/commons/f/fb/Ishihara_compare_1.jpg
9 http://www.gist.ac.kr/bbs/pds/editor/e901bb12b10067d53ee9a1e995d90ea2.jpg
10 https://youtu.be/YrwzRjhzt6k
11 http://image.dongascience.com/Photo/2016/08/14725501584422.jpg
https://t1.daumcdn.net/cfile/blog/1460230449486FF014
12 https://www.nature.com/articles/ncomms7368
13 https://blog.kakaocdn.net/dn/dfSDr8/btqPdSZx1BG/hk4wk40JaVUHbkWXKRAdok/img.png
14 https://mblogthumb-phinf.pstatic.net/20091220_34/ssh7807_12613073018939TWA5_jpg/%BF%C0%B9%E6%C1%A4%BB%F6%B0%FA_%BF%C0%B9%E6%B0%A3%BB%F6_ssh7807.jpg?type=w2

제3장 _ 빛을 이용(利用)하다

1 https://i.pinimg.com/474x/b4/2d/bf/b42dbf0614749ffe0ff9ffec179864ef.jpg
https://image.bada.io/files/upload/2021/04/29/4039871_0.webp
2 https://www.lgsl.kr/contents/sl_image/HHSC/HHSC2011/HHSC201107/HHSC201107000318.jpg
3 https://upload.wikimedia.org/wikipedia/commons/thumb/2/23/Chlorophyll_ab_spectra-en.svg/440px-Chlorophyll_ab_spectra-en.svg.png
4 https://imgnews.pstatic.net/image/003/2009/09/15/NISI20090915_0001716607_web.jpg?type=w647
5 http://www.seoulviosys.com/common/bio/technology/pic_techpic_techuvled1_02.jpg

6 https://www.stanley-components.com/kr/uvc_technology/image/pic05.png
7 https://img.seoul.co.kr/img/upload/2018/01/31/SSI_20180131111808_V.jpg
8 https://tattoodo-web.imgix.net/guides/covers/laser-removal.jpg
9 http://weekly.chosun.com/up_fd/wc_news/2667/bimg_org/2667_54.jpg
10 https://assets.aboutkidshealth.ca/akhassets/Laparoscopic_surgery_MED_ILL_EN.jpg?RenditionID=10
https://cdn.shortpixel.ai/client/q_glossy,ret_img,w_674/https://ardenjrsurgery.com.sg/wp-content/uploads/2020/05/7.jpg
11 지영준, "의료용 내시경의 이해와 응용", 전자공학회지, 2015, pp.979-985.
12 https://en.wikipedia.org/wiki/CT_scan
13 표세욱 외, "치의학 분야에 대한 광간섭 단층영상기기(optical coherence tomography)의 적용 가능성 고찰", 대한치과보철학회지, 제55권, 제1호, 2017, pp.100-110.
14 이병하, "광학단층영상술(OCT)의 기본 원리와 다양한 적용분야로의 초대", 물리학과 첨단기술, 2017, pp.2-6.
15 https://upload.wikimedia.org/wikipedia/commons/thumb/4/4a/A_Kirlian_Photography%2C_male_1989.jpg/240px-A_Kirlian_Photography%2C_male_1989.jpg
https://postfiles.pstatic.net/20120823_224/pullkkot_1345690084273sKlGh_JPEG/45.jpg?type=w1

제4장 _ 빛으로 미래(未來)를 열다

1 https://image.freepik.com/free-vector/holographic-stickers-hologram-labels-of-different-shapes_107791-6033.jpg
http://image.kmib.co.kr/online_image/2018/0809/201808090404_11170923990854_1.jpg
2 https://en.wikipedia.org/wiki/Holography
3 https://images.chosun.com/resizer/nPjo0hO6Z6xA487Aq5p5n56YYVM=/464x0/smart/cloudfront-ap-northeast-1.images.arcpublishing.com/chosun/E3BGL4G63S7IHQTWFFHY4OBYDU.jpg
4 https://engineer-educators.com/wp-content/uploads/Fig-19-2.png
5 http://img.hani.co.kr/imgdb/resize/2016/0404/145967747360_20160404.JPG
6 https://img.bemil.chosun.com/nbrd/data/10040/upfile/201911/20191113233321.jpg
7 https://m.blog.naver.com/wwsoptic/221394129394
8 https://t1.daumcdn.net/cfile/tistory/99D02D3359D831DB02
9 https://liostech.files.wordpress.com/2009/11/lios_dts_powercable21.jpg?w=1024&h=690
10 https://upload.wikimedia.org/wikipedia/commons/thumb/f/fd/Dye_Sensitized_Solar_Cell_Scheme.png/600px-Dye_Sensitized_Solar_Cell_Scheme.png
11 http://cfile203.uf.daum.net/image/257BB84852296AF41F9971

참고자료

제1장 _ 빛을 탐(探)하다

- 우주의 구조: 시간과 공간, 그 근원을 찾아서, 브라이언 그린(박병철 역), 승산, 2005.
- 코스모스, 칼 세이건(홍승수 역), 사이언스북스, 2006.
- 그림으로 보는 시간의 역사(결정판), 스티브 호킹(김동광 역), 까치, 2021.
- 떨림과 울림, 김상욱, 동아시아, 2018.
- 물질의 물리학, 한정훈, 김영사, 2020.
- 허블(Hubble)(https://en.wikipedia.org/wiki/Hubble_Ultra-Deep_Field#Hubble_eXtreme_Deep_Field)
- 태양(https://en.wikipedia.org/wiki/Sun)
- The Origin of the Corona's Light(https://eclipse2017.nasa.gov/origin-corona's-light)
- 빛의 속도(https://en.wikipedia.org/wiki/Speed_of_light)
- 빛(https://en.wikipedia.org/wiki/Light)
- Optics 5th Edition, E. Hecht, Pearson, 2016.
- Optoelectronics and photonics, 2nd Edition, S. O. Kasap, Pearson, 2013.
- 양자역학 개론, 김영훈, 광운대학교, 2009. (https://www.cheric.org/files/education/cyberlecture/e201001/e201001-1901.pdf)
- 복굴절(https://en.wikipedia.org/wiki/Birefringence)
- 편광기(https://en.wikipedia.org/wiki/Polarizer#Linear_polarizers)
- 편광판 없는 유기발광다이오드(OLED) 패널(https://m.etnews.com/20210816000080)
- 패러데이 효과(https://en.wikipedia.org/wiki/Faraday_effect)
- 유리시대: 세상을 변화시킨 놀라운 유리 이야기, 한원택, GIST Press, 2019.
- 아인슈타인의 세계 1-5, 고려원미디어, 1993.
- 세상에서 가장 쉬운 양자역학 수업, 리먀오(고보혜 역), 더숲, 2018.
- 수학으로 배우는 양자역학의 법칙, Transnational College of LEX, 지브레인(강현정 역), 2020.

제2장 _ 색을 탐(探)하다

- 사람과 동물은 다르게 본다(https://news.joins.com/article/19713852)
- 간상세포와 원추세포(http://www.mdon.co.kr/news/article.html?no=9735)
- "겹눈 구조의 이해 및 응용", 이길주 외, 고분자 과학과 기술, 제27권, 제6호, 2016, pp.801-807.

- "Photonic crystals cause active colour change in chameleons," J. Teyssier et al., Nature Communications **6**, 6368(2015)(https://www.nature.com/articles/ncomms7368)
- 착시와 뇌과학, 백세범, 한국분자・세포생물학회, 2015, pp.49-53.
- 광변색 및 전기변색 재료의 기술현황, 송기창, NICE, 제26권, 제5호, 2008, pp.518-538.
- "퀀텀닷: 고색영역을 위한 베스트 솔루션," Public Information Display, 삼성 디스플레이 (https://news.samsung.com/kr/%ED%80%80%ED%85%80%EB%8B%B7-%EC%9D%B4%EB%9E%80-%EB%AC%B4%EC%97%87%EC%9D%B8%EA%B0%80)
- "Metasurface-based contact lenses for color vision deficiency: reply," S. Karepov and T. Ellenbogen, Optics Letters Vol. 45, Issue 18 (2020), pp.5119-5120.
- 색채론. 괴테(장희창 역), 민음사, 2005.
- 손으로 색으로 치유한다, 박광수, 정신세계사, 2005.
- 박광수의 이야기 대체의학, 박광수, 정신세계사, 2005.
- "아유르베다의 차크라 이론과 음양오행사상에 따른 색채치유 원리와 방법에 비추어본 괴테의 색채론," 박광수, 한국괴테학회, 괴테연구, Vol.19. 2006, pp.21-45.
- 빛을 이용한 병의 치료(https://spectrum.ieee.org/weve-been-killing-deadly-germs-with-uv-light-for-more-than- a-century)
- "Properties of biophotons and their theoretical implications," F.A. Popp, Indian Journal of Experimental Biology 41(5) (2003), pp.391-402.
- "Influence of light on the hyperbilirubinaemia of infants," R.J. Cremer et al., The Lancet **271**, Issue 7030 (1958), pp.1094-1097.
- "Tracing oncogene-driven remodelling of the intestinal stem cell niche," M.K. Yum et al., Nature **594** (2021), pp.442-447.(https://doi.org/10.1038%2Fs41586-021-03605-0)
- 소화관 내의 암 줄기세포는 이웃 줄기세포에게 악영향을 미친다 (https://www.ibric.org/myboard/skin/news1/print.php?Board = news&id = 331780)
- 캠벨 생명과학 11판, 캠벨 외 5명(전상학 대표 역), 바이오사이언스, 2019.
- 바디북(The Body Book), 보더니스, 생각의나무, 2009.

제3장 _ 빛을 이용(利用)하다

- 빛을 내뿜는 물고기(https://gidoha.tistory.com/132)
- 평생 빛을 내는 발광식물이 나왔다(https://www.hani.co.kr/arti/science/science_general/942445.html#csidx2757b3aa46763b49b57904c13b6460e)
- 식물 생장용 LED(http://www.lanics.co.kr/kor/technology/led.php)
- 인공 광합성(https://biz.chosun.com/site/data/html_dir/2020/07/03/2020070304010.html)
- "Effects of reactive oxidants generation and capacitance on photoelectrochemical water disinfection with self-doped titanium dioxide nanotube arrays," S. Hong et al.,

- Applied catalysis B, Environmental 257 (2019).
- 자외선과 피부건강(https://health.chosun.com/site/data/html_dir/2017/07/17/2017071701231.html)
- "피부 노화의 원인", 강태진, BioWave **13** (2011), No.3(1).
- 자외선 LED(https://www.stanley-components.com/kr/uvc_technology/)
- UV LED 코로나 바이러스 살균(http://www.thelec.kr/news/articleView.html?idxno10093)
- 코로나 19 살균(http://www.kmdianews.com/news/articleView.html?idxno=42498)
- 레이저 시술(http://amc.seoul.kr/asan/healthinfo/management/managementDetail.do?managementId=537)
- "Fractional Laser; NAFL and AFL," S.H. Park, Med. Laser 4(1) (2015), pp.1-9.
- "금 나노 입자를 이용한 광열치료 연구 동향", 김봉근·여도경·나현빈, Appl. Chem. Eng., Vol.28, No.4 (2017), pp.383-396.
- "광역학치료", 전상훈, J Korean Med. Assoc. 50(12) (2007), pp.1119-1129.
- https://times.kaist.ac.kr/news/articleView.html?idxno=10372
- http://www.s21.co.kr/news_view.jsp?ncd=3552
- 광과민성 발작(https://www.seoul.co.kr/news/newsView.php?id=19930119016001#csidx 2248b 02b6140f52a986608a6b2483a7)
- 빛으로 치매와 우울증 치료(https://www.seoul.co.kr/news/newsView.php?id=20160531025014#csidx25d86770c83106eb124bb84d08bd0c2)
- 신경치료(https://news.joins.com/article/16399143)
- 복강경 수술, "Twenty Years of Laparoscopic Cholecystectomy: Philippe Mouret-March 17, 1987," A. Polychronidis et al., JSLS Vol.12(1) (2008), pp.109-111.
- "의료용 내시경의 이해와 응용," 지영준, 전자공학회지, 2015, pp.979-985.
- "내시경 의료기기 기술 및 산업동향," 허영 외 2인, KEIT PD Issue Report, Vol.15-7, 2015.
- "Optical fiber tips for biological applications: From light confinement, biosensing to bioparticles manipulation," J. S. Paiva et al., BBA-General Subjects 1862 (2018), pp.1209-1246.
- "Adolf Friedrich Fercher: a pioneer of biomedical optics," C.K. Hitzenberger, J. of Biomedical Optics, **22**(12) (2017), 121704.
- "치의학 분야에 대한 광간섭 단층영상기기(optical coherence tomography)의 적용 가능성 고찰," 표세욱 외, 대한치과보철학회지, 제55권, 제1호, 2017, pp.100-110.
- "광학단층영상술(OCT)의 기본 원리와 다양한 적용분야로의 초대," 이병하, 물리학과 첨단기술, 2017, pp.2-6.
- "Crisis in Life Sciences. The Wave Genetics Response," P.P. Gariaev et al. (http://www.aipro.info/drive/File/150.pdf)

- 생명에너지(http://dongascience.donga.com/news.php?idx=-59811)
- "Photon sucking as an essential principle of biological regulation," F.-A. Popp and W. Klimek (https://www.researchgate.net/publication/226798260)
- 신과학이 세상을 바꾼다, 방건웅, 정신세계사, 1997.
- 유리시대: 세상을 변화시킨 놀라운 유리 이야기, 한원택, GIST Press, 2019.

제4장 _ 빛으로 미래(未來)를 열다

- 바코드(https://en.wikipedia.org/wiki/Barcode)
- QR 코드(https://en.wikipedia.org/wiki/QR_code)
- "QR 코드의 보안 취약점과 대응 방안 연구," 양형규, 한국인터넷방송통신학회 논문지, Vol.12,No.1, 2012, pp. 83-89.(http://dx.doi.org/10.7236/JIWIT.2012.12.1.83)
- QR 코드 결제 표준, 금융위원회, 2018.11.06.(https://www.korea.kr/news/pressReleaseView.do?newsId=156302447
- 홀로그램(https://blog.naver.com/parkslab/220138894415)
- "디지털 홀로그래픽 디스플레이 기술 개발 동향," 추현곤 외 3인, 인포메이션 디스플레이, 제16권, 제4호, 2015, pp.13-23.
- "홀로그래피 기술 및 시장동향," 안주명, 융합연구정책센터, Vol.73 (2017). (https://crpc.kist.re.kr/common/attachfile/attachfileNumPdf.do?boardNo=00005967&boardInfoNo=0020&rowNo=1)
- "실감미디어 영상의 목적지," 디지털 홀로그램, 박영준, 최병철, KISTEP Issue Paper 2019-09(통권 제267호)
- "디지털 홀로그램 영상을 위한 차세대 공간 광변조 장치 기술," 이승열 외 5인, 인포메이션 디스플레이, 제18권, 제2호, 2017, pp.20-26.
- 홀로그래피의 응용(http://physica.gsnu.ac.kr/physedu/laserholo/holoapp/holoapp.html)
- 봉화(https://namu.wiki/w/%EB%B4%89%ED%99%94)
- "5G 시대 구현을 위한 광섬유 기술", 한원택, Ceramic Korea, 5G 및 차세대 통신을 위한 소재부품 개발 동향(2), 2020, pp.40-47.
- 유리시대: 세상을 변화시킨 놀라운 유리 이야기, 한원택, GIST Press, 2019.
- 양자컴퓨팅 환경을 고려한 현대 암호 안전성 연구, 박영호 외 10인, 한국인터넷진흥원 (KISA-WP-2016-0020), 2016.
- 양자 내성암호기술(2018)(http://imdarc.math.snu.ac.kr/board_apmJ27/3024)
- 양자 내성암호기 (2021)(https://zdnet.co.kr/view/?no=20210518085901)
- 달러화, 위안화까지 스마트폰으로 곧바로 위조지폐 감정한다(국립과학수사연구원) (https:// nfs.go.kr/site/nfs/ex/bbs/View.do?cbIdx=13&bcIdx=1001140)
- 지문인식(https://news.samsungdisplay.com/18221/)

- "A versatile smart transformation optics device with auxetic elasto-electromagnetic metamaterials," D. Shin et al., Scientific Reports **4**, 4084 (2014).
- 그래핀 메타렌즈(IBS)(https://www.ibs.re.kr/cop/bbs/BBSMSTR_000000000735/selectBoard Article.do?nttId = 15168)
- 투명망토(GIST)(http://www.koit.co.kr/news/articleView.html?idxno = 85467)
- 분산형 광섬유 온도센서(https://yokogawa.tistory.com/71)
- Understanding Fiber Optics 5th Edition, J. Hecht, Laser Light Press, 2015.
- 레이저 가공기술, 한국과학기술정보연구원, 2002.(https://scienceon.kisti.re.kr/commons/util/originalView.do?dbt = TRKO&cn = TRKO201000015639)
- 레이저 절단(http://www.thelec.kr/news/articleView.html?idxno = 6084)
- "자외선 레이저를 이용한 유리 절단", 도용화, 단국대학교 박사학위 논문, 2012.
- 나노급 반도체용 EUV 리소그래피, 한국과학기술정보연구원(https://www.itfind.or.kr/COMIN/file9899-%EB%82%98%EB%85%B8%EA%B8%89%20%EB%B0%98%EB%8F%84%EC%B2%B4%EC%9A%A9%20EUV%20%EB%A6%AC%EC%86%8C%EA%B7%B8%EB%9E%98%ED%94%BC.pdf)
- "염료감응 태양전지의 연구 동향," 조효정 외 3인, KIC News, Vol.20, No.2, 2017.
- E. Becquerel(https://en.wikipedia.org/wiki/Edmond_Becquerel)
- 핵융합(https://fusionforenergy.europa.eu/news/europe-and-japan-complete-jt-60sa-the-most-powerful-tokamak-in-the-world/)
- 위상공액거울 방식의 결맞음 빔을 이용한 고품질 빔 결합 기술, 공홍진 외 7인, KAIST, 2016. (http://www.ndsl.kr/ndsl/commons/util/ndslOriginalView.do?dbt = TRKO&cn = TRKO201700003837)
- "Tripled yield in direct-drive laser fusion through statistical modelling," V. Gopalaswamy et al., Nature **565** (2019), pp.581-586.
- "중성입자빔 연구의 현황", 나병근, Vacuum Magazine, 2020, pp.4-9.

찾아보기

ㄱ

가버	176
가산혼합	70
가상디	24
가시광선	7, 23
가우스	22
간상세포	82, 85, 88
간섭	21, 25, 47
간섭계	49
간섭무늬	22, 176
갈릴레오	17
감산혼합	73
게르마늄 석영유리	185
겹눈	87
경계색	94, 97
고흐	74
공간 살균	129
공간광변조기	179
공개키 암호화 기술	189
공진기	227
관성 봉입 핵융합	232
광 변색	99
광 변색 유리	98
광간섭 단층촬영	155
광과민성 증후군	145
광노화	133
광디랙분산 물질	206
광민감제	139
광섬유	43, 188, 213
광섬유 레이저	228
광섬유 브래그 격자	210
광섬유 자이로스코프	62
광섬유 전류센서	62
광역학 치료	139, 140
광열 치료	138
광유전학	144
광자	6, 7, 12, 29
광전효과	28, 217
광증폭기	185
광촉매	124, 130
광케이블	185, 187
광통신	183, 184
광통신망	184
광학 안테나	205
광합성	119, 120, 122
광합성 유효 발광효율	122
광화학 반응	139
광흡수	121
구르위츠	110
국제전기통신연합	192
국제핵융합실험로	232
굴절	39
굴절률	203
그래핀	205

243

그레첼	221
극자외선	216
기준광	176

ㄴ

나노 안테나	204
나노결정	96
내부전반사	39, 43, 185
내시경	150, 152
냉광	115
노광공정	215
녹색맹	101
녹색형광단백질	116
뇌전증	145
뉴턴	15, 24, 28
뉴턴의 원무늬	48

ㄷ

다중모드 광섬유	188
데이비슨	35
데카르트	14, 23
드브로이	34
들뜬 상태	225
디지털 신호	185
디지털 홀로그램	179

ㄹ

라만 산란	211
라식	224
러더퍼드	149
레이저	223

레이저 시술	135
레일리	31, 53
레일리 산란	53, 211
뢰머	18
뢴트겐	148
루미놀	200
루시페라아제	117
루시페린	118

ㅁ

마이컬슨	20
마이크론 광섬유	188
마차 바퀴 효과	93
맥스웰	14, 22, 102
멀루스	57
멀루스의 법칙	60
메이먼	225
메타 물질	203, 204
메타렌즈	205
명도	77, 78, 79
명반응	120
몰리	20
무레	151
무선통신	186
무영등	55
무지개	46
무지개 홀로그램	176
문신	136
물리적(생리적) 착시	89
물질의 3원색	70
물질파	35

물체광	176	복사	28
미이	54	복사에너지	208
미이 산란	54	복사율	208
미토콘드리아	137	복합 내시경	155
밀도반전	226	볼츠만	208
밀리컨	29	볼츠만 상수	33
		봉화	183
		부분편광	60

ㅂ

바다 상태	98, 225	분극	39
바르톨린	57	분산	45
바코드	170, 171	분산계측	211
반사	41	분산형 온도센서	212
반사율	42	분젠	68
발광	114	분해능	52
발광식물	118	불확정성	190
방사선 치료	149	브래그	148
백색 광원	82	브래그 격자	229
밴드 갭	71, 99	브래들리	19
베셀라고	203	브루스터	67
베이컨	17, 45	브루스터 각	58
베크렐	218	브릴루앙 산란	211
베크만	17	블록체인	194
벤턴	176	비문증	147
병치혼합법	74	비파괴 검사	157
보강간섭	35, 48	빅뱅	3
보색	72	빈	32
보색 잔상	73	빌라르	148
보어	37	빌리루빈	112
보호색	94, 95	빛	2
복강경	150, 151	빛의 3원색	68
복굴절	58, 59		

245

ㅅ

사물인터넷	194
산란	53
살균	127
상쇄간섭	48
색각이상	100
색맹	83, 100, 101
색변환	97
색상	78, 79
색소 주머니	95
색수차	45
색심도	75
색약	100, 101
색채 정보	105
색채 치료	104
생체 에너지	165
생체광자공학	111
생체포톤	110, 111
석영유리	185
선글라스	103
선형 편광	56
쇠라	74
슈뢰딩거	37
슈테판	208
슈테판-볼츠만의 법칙	208
스넬	39
스펙트럼	13
시각 자극성 발작	146
시각세포	88
시각장애	83
시간영역 OCT	159
시냐크	74
식물공장	123
신기루	40
신인상주의	74

ㅇ

아날로그 홀로그램	177
아리스토텔레스	16
아베	52
아인슈타인	28, 224
알-비루니	16
알하젠	16
암호화 기술	189
암호화폐	194
앙페르	22
야광버섯	117
야그 레이저	147
양성자	6
양자	28
양자 내성암호 기술	193
양자 암호통신	190
양자가설	32
양자물리학	32
양자암호통신	191, 192
양자얽힘	190
양자점	99, 100
양자중첩	190
양자컴퓨터	193
양자컴퓨팅	189
양자키 분배	191
어붐	229

에너지 등분배 정리	33	위폐 감별 장치	198
에너지 준위	98, 99	유기 태양전지	220
에테르	20	유도방출	225, 226
엑시머 레이저	216	유령효과	164
엠페도클레스	16	유리 광섬유	185
여기 상태	98	유전율	22, 203
연지곤지	109	유전자 변형 생명체	118
열복사	13	유클리드	23
열전대	210	음양오행	108
염료감응형 태양전지	221	음향투명망토	206
엽록소	119, 121	의료용 광섬유	141
엽록체	119	의료용 홀로그램	182
영	21, 25, 48, 68	이산화티타늄	130
오라	13, 165	이상광	58
오로라	161	이터븀	228
오리건	221	인공 광합성	123
오방간색	108	인상주의	74
오방색	105	인지적 착시	89, 91, 93
오방정색	108	인터넷	186
오사무	116	일회용 난수	190
오존	131, 132	임계각	43
온도센서	210		
외르스테드	27	ㅈ	
우주배경복사	4, 7	자기장	22
울러스턴	15	자연노화	132
원추세포	65, 82, 85, 88, 100	자연방출	225
원형 편광	56	자외선	23, 87, 125, 128
월라스톤	66	자외선 차단지수	126
위조	196	자외선 파탄	32
위조 방지	196	자일링거	36
위조지폐	195	잔상효과	74, 89, 90

247

저머	35
적록색맹	101, 103
적색맹	101
적외선	7, 23, 87, 137
적외선 온도계	207
전 색각이상	102
전기변색	220
전기사진술	163
전기장	22
전이금속	229
전자	6
전자기파	65
점 계측	211
점묘화법	74
정상광	58
정상파	35
제임스 웹 망원경	5
종파	48
주파수 영역 OCT	159
준안정상태	226
중간색	109
중성자	6
중첩의 원리	47
지문감식	200
지문인식	199
진스	31

ㅊ

착시	89, 91
채도	77, 78, 79
청황색맹	101

초고속 광통신망	187
초저광손실 광섬유	188
초힘	5

ㅋ

카디날 피쉬	116
컬러 테라피	104
케플러	17
코로나	13
코로나 방전	162, 163
코맥	157
코비드-19	129
코페르니쿠스	18
콘택트렌즈	104
쿼크	6
퀀텀닷	99
퀀텀닷 TV	100
크래머	111
크로모테라피	104
클로로필	72
키르히호프	14, 27, 68
키를리안	163
키를리안 사진	162, 163

ㅌ

타원 편광	56
태양광 모듈	218
태양광 발전소	219
태양전지	217
탤벗	67
토카막	232

톨레미	23
통신 지연시간	187
투명망토	202, 204
투자율	22, 203
툴륨	229
트루컬러	75

ㅍ

파동유전학	165
패러데이	22, 27, 61
패러데이 효과	61
퍼쳐	158
펄스	19
펄스 레이저	136
펌핑	227
페르마	17
펜드리	204
편광	55
편광 민감 OCT	160
편광자	58
편광축	59
편광판	59
포토리소그래피	215
포프	111
표면 플라즈몬	104
표면 플라즈몬 공명	139
푸리에 변환	159
푸코	19
풀러렌	36
프라운호퍼	67
프라운호퍼 흡수선	13

프랙셔널 레이저	135
프레넬	26
플라즈마	8, 12, 161
플라즈몬	131
플랑크	28
플랑크 상수	28
플로팅 디스플레이	180
피부 광노화	126
피조	19

ㅎ

하운스필드	157
하위헌스	21, 25
항균도료	130
항균벽지	130
핵력	231
핵융합반응	8, 10, 230, 231
허블	4
허블 망원경	5
허블 상수	4
헤르츠	27
헤모글로빈	72, 200
헬름홀츠	68
형광	114
형광 태그	117
홀로그래피	175
홀로그램	175, 196
홀뮴	229
홑눈	87
화학강화	214
황달	111

회절	47, 50	**H**	
횡파	48	HEME 구조	72
후지모토	158	HSL 색공간	78
훅	25	HSV 색공간	78
휘도	78		
흑체	8, 28, 208	**I**	
흑체복사	31	IPL	135, 136
희토류 원소	229	iQR 코드	173
		IR 센서	207
B			
BEUV	217	**K**	
BIF	188	KSTAR	230
C		**L**	
CCD	151, 154, 170	LED	82
CCFL	81		
CD	168	**M**	
CIE 색도 분포표	80	Micro QR 코드	173
CMYK	70		
CT	156	**N**	
		Nd:YAG 레이저	214, 228
D		NTSC 색 표준	80
DSA	217		
DVD	168	**O**	
		OCT	158
E			
EUV	216	**P**	
		PA	126
F		PAN	131, 132
FBG	210, 211	PDL	60
FD-OCT	159	PS-OCT	160

Q

QR 코드	172

R

R, G, B	69
RGB 색공간	76
RSA	189

S

SCL	160
Si PN-접합	218
SPF	126
SS-OCT	160

T

TD-OCT	159

U

UV LED 램프	129
UVA	125
UVB	125
UVC	125

V

VOC	131

Y

Yb-첨가 광섬유 레이저	214

기타

16진법	76
3D 복강경 기술	152
4차 산업혁명	187
5G 기술	187
6G 기술	187

저자 소개

한원택

현재 광주과학기술원GIST 전기전자컴퓨터공학부의 명예교수이자 고등광기술연구소APRI의 연구위원이다. 서울대학교 금속공학과(현 재료공학부)와 동 대학원 졸업 후 미국 Case Western Reserve University CWRU에서 유리과학으로 박사학위를 취득하였다. 동아대학교 전임강사, 미국 RPI Center for Glass Science and Technology의 선임연구원, 한국생산기술연구원의 수석연구원, 미국 Stanford대 방문교수, 에티오피아 Adama공대 초빙교수 등을 거쳤으며 프로보노 국제협력재단의 이사장으로 활동하고 있다. 광학유리, 광섬유, 광소자 등 광자기술 분야에 200여 편의 학술논문을 발표하였고 장영실상과 과학기술포장 등을 수상하였다. 최근 『유리시대』란 과학 교양서적을 출판해 다양하고 멋진 유리의 숨겨진 비밀과 4차 산업혁명 시대를 이끌어갈 미래 소재로서의 유리에 대한 신기술을 소개한 바 있다.

과학으로 밝힌 빛과 색:
근원에서 응용까지
빛과 색을 탐하다

초 판 인 쇄	2022년 1월 18일
초 판 발 행	2022년 1월 25일

저　　　자	한원택
발 행 인	김기선
발 행 처	GIST PRESS

등 록 번 호	제2013-000021호
주　　　소	광주광역시 북구 첨단과기로 123 (오룡동)
대 표 전 화	062-715-2960
팩 스 번 호	062-715-2069
홈 페 이 지	https://press.gist.ac.kr/
인쇄 및 보급처	도서출판 씨아이알 (Tel. 02-2275-8603)

I S B N	979-11-90961-13-4 (03500)
정　　　가	18,000원

ⓒ 이 책의 내용을 저작권자의 허가 없이 무단 전재하거나 복제할 경우 저작권법에 의해 처벌받을 수 있습니다.
본 도서의 내용은 GIST의 의견과 다를 수 있습니다.